“十三五”职业教育规划教材

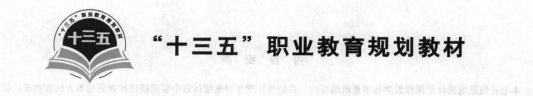

电能计量错误接线仿真培训教程

主　编　李长林
副主编　王　莹
编　写　崔　迪　乔　明
主　审　王月志

中国电力出版社
CHINA ELECTRIC POWER PRESS

内 容 提 要

本书是根据电能计量课程教学基本要求编写的，目的是让学生对电能计量中错误接线排查的基本方法有初步认识。

本书共六章，分别为误接线仿真设备组成部分的介绍、误接线仿真设备软件操作及工器具使用、三相三线电能计量装置常见单一故障的排查、三相四线电能计量装置常见单一故障的排查、综合故障排查方法及系统常见故障处理、电能表的接线。本书力求简明易读，以图文并茂的方式对电能计量装置常见故障进行了详细分析，每一章节后均有课后习题，供学生巩固所学知识。

本书可作为高职高专和中等职业院校供电专业的培训教材，也可作为用电稽查工作人员的培训用书。

图书在版编目（CIP）数据

电能计量错误接线仿真培训教程/李长林主编．—北京：中国电力出版社，2018.2（2025.1 重印）
"十三五"职业教育规划教材
ISBN 978-7-5198-0570-8

Ⅰ．①电…　Ⅱ．①李…　Ⅲ．①电能计量-接线错误-分析-职业教育-教材　Ⅳ．①TM933.4

中国版本图书馆 CIP 数据核字（2017）第 063362 号

出版发行：中国电力出版社
地　　址：北京市东城区北京站西街 19 号（邮政编码 100005）
网　　址：http：//www.cepp.sgcc.com.cn
责任编辑：陈　硕　安　鸿（010-63412532）
责任校对：闫秀英
装帧设计：王英磊　赵姗姗
责任印制：吴　迪

印　　刷：固安县铭成印刷有限公司
版　　次：2018 年 2 月第一版
印　　次：2025 年 1 月北京第三次印刷
开　　本：787 毫米×1092 毫米　16 开本
印　　张：8.5
字　　数：202 千字
定　　价：25.00 元

前　言

随着时代的不断进步，电力已是人们生活与工作都无法离开的重要资源，用电监察工作的实施是用户安全用电的保证，因此供电企业对用电监察管理工作不断优化提升，以便确保用户与供电企业保持良好关系。用电监察的具体内容包括监督和指导用户安全用电，特别是定期对用户的电能计量装置设备进行检测、遇到设备故障或损坏及时处理、加强对电力设备的安全监督等。

目前，对于客户的装表接电、用电稽查等工作，供电企业严格按照国家电网公司统一制定的系统规范进行处理，在用电监察工作的实施与管理中，一线用电监察保障人员业务技能综合素质将直接影响对客户用电及电网安全运行的基础保障，因此，做好用电监察及装表接电实践技能指导工作，是将用电管理与用电监察落到实处的关键，也是供电企业及相关工作人员做好用电客户服务的第一步。

本书是根据电能计量课程教学基本要求编写的，要求学生对电能计量中错误接线排查的基本原理和方法有初步认识。本书采用的是 WT-F24 型电能表接线智能仿真系统本书力求简明易读，针对误接线仿真设备及软件操作进行了详细介绍说明；对三相三线电能计量装置常见故障、三相四线电能计量装置常见故障、综合故障排查方法以及仿真系统常见故障的情况进行说明并提供排查指导；为各类电能表的接线提供有效指导。本书在各章节后列出习题供读者进一步思考，以便做到活学活用。全书文字通俗、深入浅出、突出重点，便于现场作业人员系统的学习理论知识，逐渐提高技术业务水平，做好用电稽查与管理工作。

需要说明的是：PT 是电压互感器以前的标法，现在的新国标为 TV；CT 是电流互感器以前的标法，现在的新国标为 TA。由于 WT-F24 型电能表接线智能仿真系统软件界面使用的是互感器旧文字符号，为使描述统一，互感器部分也沿用旧的标法。

本书的第一章由李长林编写，第三、第五章由王莹编写，第二、第四章由崔迪编写，第六章由乔明编写。

感谢哈尔滨电力职业技术学院为本书的完成提供了良好的调试环境。感谢哈尔滨电力职业技术学院供电专业刘伟副教授在本书的编写思路与重点内容等方面的悉心指导。感谢国网浙江省电力公司嘉兴供电公司的陆勇工程师、屠一艳工程师提供的现场稽查案例与实际检测数据。感谢沈阳工程学院王月志教授对稿件的审阅和指导。再次对帮助和支持本书编写的诸位同仁表示感谢！

由于作者的水平有限，书中难免出现疏漏与不足之处，恳请读者批评指正。

作　者

2017 年 2 月

目　录

实训要求

一、实训目的

装表接电和电能计量实训课程的开设，目的是通过实训，使学生熟悉常用的电工工具、仪器仪表的使用方法，并通过短时间的强化训练，掌握导线连接和电能表接线工艺、装表接电的方法、分析和排查各种错误接线的方法、正确绘制电压电流相量图、计算退补电量的方法，掌握电能计量的相关基本知识，把理论与实际操作联系起来，为今后从事一线工作打下必要且良好的专业基础。

二、实训内容

（1）了解电能计量装置正确及错误接线的基本知识。

（2）熟悉电流互感器、电压互感器的作用，各种类型电能表的工作原理及应用。

（3）掌握螺钉旋具、钢丝钳、剥线钳的用法。

（4）掌握验电笔、相位伏安表等测试仪表的使用方法。

（5）掌握导线连接的接线工艺。

（6）掌握单相、三相三线、三相四线电能表装表接电的接线工艺。

（7）掌握错误接线故障查找的方法步骤及安全注意事项。

（8）掌握电能计量装置电量错误接线的更正系数及退补电量的计算方法。

三、实训要求

为了保证实验实训中人身安全与设备的安全可靠运行，实验实训人员都必须严格遵守相关规程要求。对违反规程的现象，指导教师有权加以制止；对不听从教师指挥者，应立即停止其实验实训，所造成的一切后果由个人承担；因违反操作规程而使实验设备损坏的，要照价赔偿；因违反操作规程而造成人身伤害的，追究其违规责任。

（1）实训中应树立安全第一的思想，尊重指导教师，认真练习，勤于思考。

（2）每个实训小组选出组长一人，负责清点、分发、管理工具和仪表，登记实训人员考勤，填写实训记录表。

（3）进入实训场地时，着装要整齐，女同学的长发应盘起，禁止穿过于宽大的服装，禁止穿半截衣裤和裙子，禁止穿拖鞋和高跟鞋。

（4）在实训场地要服从指导教师的指挥，未经教师许可不能移动实训室的仪器和设备；在实训过程中，应爱护实验设备，工具、仪表不得随意乱放、乱拿，应合理使用、小心保管；实训完毕后，需原样归还，如有遗失需照价赔偿。

（5）在实训场地，禁止高声喧哗和打闹；禁止倚、靠、坐于实训设备上；禁止攀爬窗台或将身体探出窗外。

（6）禁止将食物等与实验实训无关的东西带入实验实训场地；严禁将废纸及各种杂物随处乱扔乱放，废弃物品应扔进指定垃圾桶中；饮用水应拧紧盖子，防止溢出。

（7）实验实训中，要爱护仪器仪表和设备，搬动时要轻拿轻放，防止误伤他人或损坏仪器设备；在使用仪表测量的过程中，要注意挡位和量程的选择，防止因超过仪表测量程而烧坏仪表。

(8) 实验实训中，必须严格按操作程序进行，禁止随意乱动。

(9) 带电测量时，应先验电，涉及导线的操作应小心谨慎，禁止大力撕扯导线。

(10) 有问题及时汇报给实训指导教师，切勿自行处理；服从指导教师安排，遵守劳动规律；如实训人员违反规定且不听指挥，指导教师有权终止其实训，收回测量工具、仪表，要求其离开实训场地。

(11) 实训结束后应整理现场，检查清点工具仪器和设备并放置整齐，打扫实训场地卫生。

(12) 实训期间不准未经教师批准随意外出。

第一章 误接线仿真设备组成部分的介绍

第一节 WT-F24 型电能表接线智能仿真系统概述

WT-F24 型电能表接线智能仿真系统可以仿真机械、电子、智能等多种三相三线、三相四线有功、无功电能表在现场可能出现各种不同的错误接线方式，是专为电力计量部门装表接电、用电稽查人员进行培训、竞赛和考核而量身设计的。

一、构成原理

WT-F24 型电能表接线智能仿真系统主要由 PC 机、程控电源和接线转换箱这三大部分组成，其系统原理图如图 1-1 所示。PC 机的作用是统一指挥程控电源和接线转换箱，根据操作人员的特定要求模拟仿真出现场的各种接线，典型的代表包括三相三线高压表❶，三相四线高、低压电能表，PT 二次接线，CT 二次接线等。程控电源的作用是可以模拟仿真出实际母线上的电压和电流输出，供给电能表正常工作。接线转换箱的作用是提供一个简易接线的平台，通过改变接线方式变换出各种不同的接线组合。由于 WT-F24 型电能表接线智能仿真系统可模拟的接线种类众多、操作简单、危险性小，因此非常适合对电力计量部门的职工进行培训或对供电专业的在校生进行仿真教学。

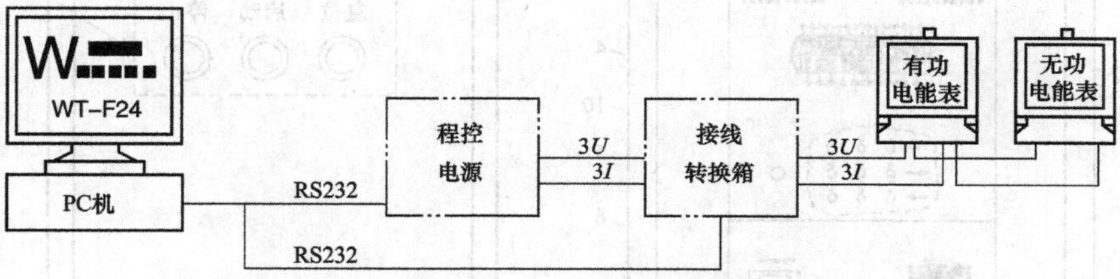

图 1-1 系统原理图

二、性能指标

(1) 型号：分单人、双人、三人和四人操作四种型号。本实训室所用系统为三人操作型号。

(2) 电压挡位：

1) 电能表经电压互感器接入式分 57.7V 和 100V。

2) 电能表直接接入式分 220V 和 380V。

(3) 电流挡位：1、1.5、2.5、5A（标配，可选），亦可人为设定（设备安全考虑，以不超过 5A 为宜）。

(4) 频率：50Hz.

(5) 相位角：0~359.9°；调节细度 0.1°。

(6) 供电要求：单相 220V±10%，50Hz。

三、设备配套组成

计算机 1 台，模拟屏（柜）1 台，电源线 1 根，通信线 1 根，安装光盘 1 张，三相三线

❶ 三相三线高压表在本教材中表示的是：未接入电压互感器的电能表。

（或三相四线）有功、无功电能表各1块（每操作面），使用说明书2本，合格证1份，工作椅1把，计算机桌1张，柜门钥匙1套。

第二节 硬 件 介 绍

为了便于叙述，下面先介绍几个常用的术语：

（1）表尾电压接线：指接入到电能表表尾的电压接线。

（2）表尾电流进出线反接：指接入到电能表表尾的电流线有进线与出线反接的现象。

（3）电流错接相：指接入到电能表表尾的电流错接相别，即与所在相电压不是同一相。

WT-F24型电能表接线智能仿真系统的硬件装置是一个名为电能表接线智能仿真系统的柜体，装置的操作外观面板（取其中一面为例）如图1-2（a）所示，机柜后面板如图1-2（b）所示。

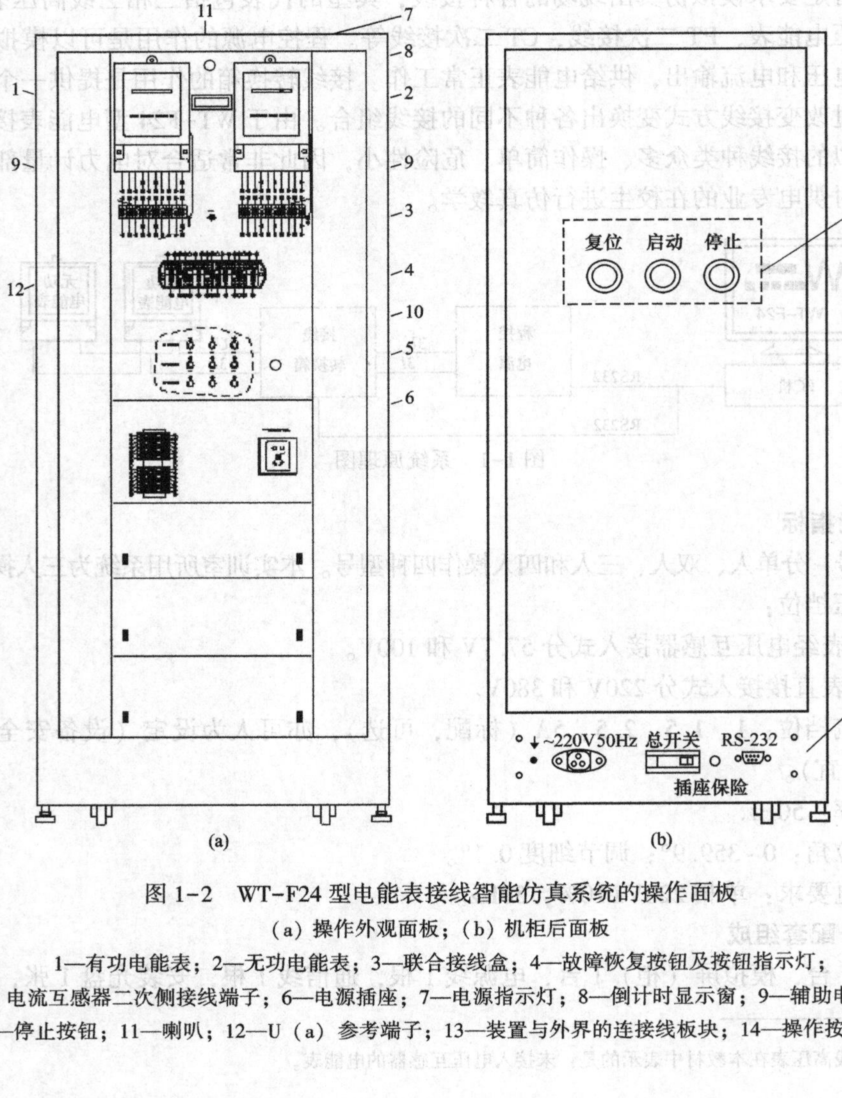

图1-2 WT-F24型电能表接线智能仿真系统的操作面板

（a）操作外观面板；（b）机柜后面板

1—有功电能表；2—无功电能表；3—联合接线盒；4—故障恢复按钮及按钮指示灯；5—电压、电流互感器二次侧接线端子；6—电源插座；7—电源指示灯；8—倒计时显示窗；9—辅助电能表表尾盒；10—停止按钮；11—喇叭；12—U（a）参考端子；13—装置与外界的连接线板块；14—操作按钮板块其中电压、电流互感器二次侧接线端子、联合接线盒上的配线，在内部已全部配好。在面板上允许使用者拆卸原有电能表并根据自身需要装配所需的电能表。实训人员再练习过程中，可以依据各种方法，在判明错误接线的类型后，于现场更改接线——更改互感器二次侧接线端子上的连线，或者更改联合接线盒上、电能表表尾上的连线。

一、电能表与接线盒

图 1-2（a）所标示的 1、2、3、9 分别为有功电能表、无功电能表、联合接线盒及辅助电能表表尾（也称为假表尾）。在确定出现错接相或表尾电流进出线反接的故障时，可在表尾接线处或在联合接线盒处更改接线。

辅助电能表表尾的用途是在需要更改接线时代替电能表表尾，从而降低更改接线对表尾接线盒的损坏，起到保持整体电能计量装置完好的作用，所以其接线的定义与表尾应是一致的。

联合接线盒的放大图（以三相四线接线方式为例）如图 1-3 所示。它与有功电能表、无功电能表在一起，实现了电能表的联合接线模式，即电压并联至有功电能表及无功电能表的表尾，电流串联由联合接线盒进入有功电能表的电流接入端，从有功电能表的电流引出端到无功电能表的电流接入端，然后从无功电能表的电流引出端回到联合接线盒。

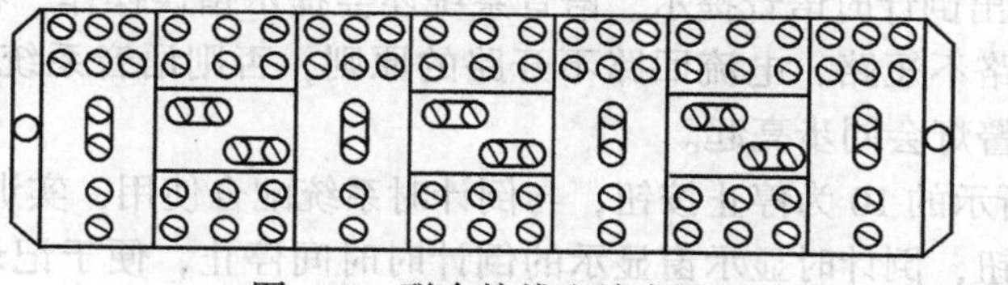

图 1-3　联合接线盒放大图

因装置必须同时接入三相三线有功电能表和三相三线无功电能表，或者同时接入三相四线有功电能表和三相四线无功电能表，所以采用联合接线方式，如图 1-4 所示。

图 1-4　柜体内电能表接线图

（a）三相四线电能表接线图；（b）三相三线电能表接线图

联合接线盒上的电压、电流的引出线与三相四线有功电能表（11 孔）表尾接线端子一一对应，如图 1-4（a）所示。但当接入的为三相三线电能表时，其中 I_b 的电流线（2 根，绿色）和 U_n 线（1 根，黑色）是多余的，出于使用安全的角度考虑，应把多余的 3 根线插入到专用的藏线孔中，同时需把联合接线盒的 I_b 相电流回路短路，如图 1-4（b）所示。无论是三相三线电能表还是三相四线电能表，都需要把电能表的接地端子与机壳地相连。在使用“三相四线直接接入表”时，必须把电压连片断开。

本装置也可以实现三相多功能电能表的挂接。安装方式是将三相多功能电能表挂接在原来挂接有功电能表的位置，但是特别需要注意的是，原来挂接无功电能表的位置闲置时，表位原有的接线应做出相应的更改，即电流回路接线需要短接，电压回路接线需要放入专用的藏线孔内。

联合接线盒的位置还可以接入校验电能表的设备，可供专业人员对电能表进行校验，为校验电能表提供了可操作平台。

二、电源指示灯

图 1-2（a）所示的 7 为电源指示灯，红灯亮起时说明电压、电流均已经升起，可以进行测量工作。操作人员在进行误接线排查练习之前，一定要先观察电源指示灯，在灯亮状态下再进行操作，如果灯未亮表示装置尚未运行，应再次升起所在操作面的电压、电流输出。

三、计时及语音系统

图 1-2（a）所示的 8 为倒计时显示窗，显示倒计时的时间，并且配合语音系统及图中 11 所示的喇叭，做出倒计时语音提示。语音系统还会提示错误操作，在测量和改线操作时，一定要秉承电压回路不短路，电流回路不开路的原则，否则语音系统提示出错误操作的同时，系统软件的报警灯会同步亮起。

图 1-2（a）所示的 10 为停止按钮，与倒计时系统配合使用，实训人员在完成误接线排查操作后按下此按钮，倒计时显示窗显示的倒计时时间停止，便于记录其完成考核的时间。此项功能一般用于竞赛中，便于选拔出更为出色的选手。

四、电源插座

图 1-2（a）所示的 6 为电源插座，装置正常运行时可以提供电压为 220V、频率为 50Hz 的工频用电，为维修或需要现场提供电源的测量工具供电。

需要注意的是，此电源插座仅在柜体装置运行时供电，装置停电时，则此插座是没有电压的。所以如果柜体装置需要在停电的状态下进行维护检修，则检修人员使用相关工具时必须从另外的电源取电。

电源插座为专项专用，严禁对手机、电池等非实训物品进行充电；严禁用电源插座进行与实训内容不相关的操作。

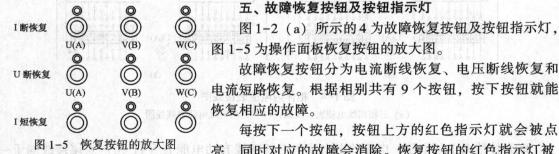

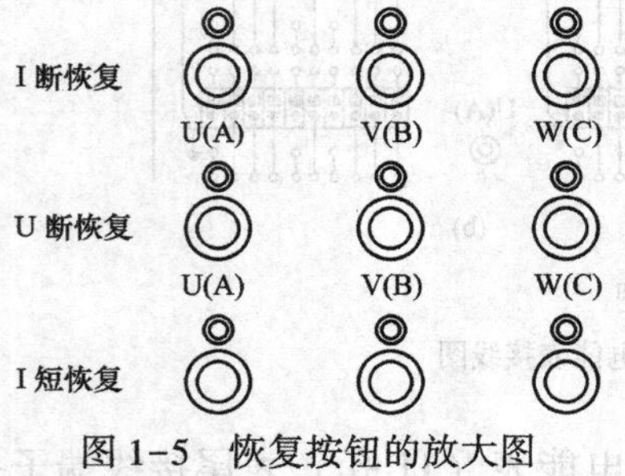

图 1-5 恢复按钮的放大图

五、故障恢复按钮及按钮指示灯

图 1-2（a）所示的 4 为故障恢复按钮及按钮指示灯，图 1-5 为操作面板恢复按钮的放大图。

故障恢复按钮分为电流断线恢复、电压断线恢复和电流短路恢复。根据相别共有 9 个按钮，按下按钮就能恢复相应的故障。

每按下一个按钮，按钮上方的红色指示灯就会被点亮，同时对应的故障会消除。恢复按钮的红色指示灯被点亮后，只有通过更改计算机上软件操作界面的指令才能清除，这种设置能够防止实训人员在考试中作弊。实训人员操作时不要轻易触碰这些按钮，只有已经判定是哪一相出现故障且需要再据此做出下一步判断时，才能按下相关按钮。如果在未知状态下随意按下按钮，那么一些相关故障就会消失，这样也会对原有故障类型的判断结果产生干扰，影响最终的结果。

对于设备本身，需要注意的是：电压断路恢复按钮按下后，只能对电压互感器二次侧断路的故障进行恢复，对于电压互感器一次断路的故障，是不能恢复的。

六、U(a) 参考端子

图1-2（a）所示的12为U(a) 参考端子。在有功电能表和无功电能表之间设有三相四线接线方式的U(a) 参考端子，目的是便于实训人员确定A相电压。如果不经特殊设置此端子为U(A) 参考相，哪一元件与此端子间的电势为0V，则此元件为U(a) 相，这样有助于实训人员简化测量过程、缩短判断时间。理论上电压的六种接线方式（a-b-c，a-c-b，b-c-a，b-a-c，c-a-b，c-b-a），都是反映同一种计量结果的。以不同相为参考点的接线方式各有两种：以a相为参考点，有a-b-c和a-c-b；以b相为参考点，有b-c-a和b-a-c；以c相为参考点，有c-a-b和c-b-a。相同的参考点，两种电压相序分别为正相序和负相序，如以a相为参考点，a-b-c为正相序，a-c-b为负相序。在测量的过程中，如果参考相电压已经确定，那么就只有两种可能的电压相序了，之后再利用相位伏安表排除不常见的负相序，结果就是正确答案。

此项设置专为竞赛使用，和现场实际是不一样的，现场的三相四线接线方式中，不需要准确的确定出三相的电压各为何相序，只要保证电压为正相序，且各相的电压和电流均为同相即可。因为三相四线接线方式中，三相的电流和电压均对称，每相消耗的功率均为总体的三分之一，不判定具体的相别也不会影响总功率及追补电量的计算。

三相三线接线方式的参考点就是地，哪个元件与地为同一电势，此元件就是U(b) 相。由于三相三线接线方式中，三相的电流是不对称的，所以与三相四线接线方式不同，三相三线接线方式必须判定电压具体的相别，然后根据电压的相别来判断电流的具体相别，以防影响总功率及追补电量的计算。

U(a) 参考端子与接地点，这两个参考点分别只作为三相四线和三相三线接线方式确定电压相别的参考点，而且只能作为判断相电压的参考点，不作为判断相位的参考点。在图1-4中，三相三线电压测量参考点为接地点；三相四线电压测量参考点为U(a) 端子。

七、互感器二次侧接线端子

图1-2（a）所示的5是互感器二次侧接线端子（即电压互感器、电流互感器端子排），如故障设置为互感器极性反接，则实训人员可以在此处进行电流、电压互感器极性反接的改线操作。互感器二次侧接线端子中各个端子的含义如图1-6所示。

需要注意的是：改线操作的过程中，一定要保证电压回路不短路，电流回路不开路。电流互感器在极性反接故障的更改接线操作时，拆开端子后，应先用短接线短接端口，更改接线操作后，确认导线与端子接触良好，才可以拆除短接线，这样做的目的是防止电流回路形成开路。

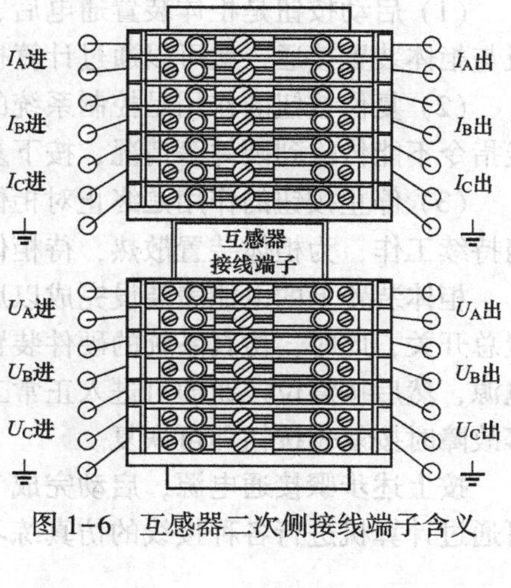

图1-6　互感器二次侧接线端子含义

八、机柜后面板

1. 装置与外界的连接线板块

图 1-2（b）所示的 13 为装置与外界的连接线板块，如图 1-7 所示为装置与外界的连接线板块放大图。

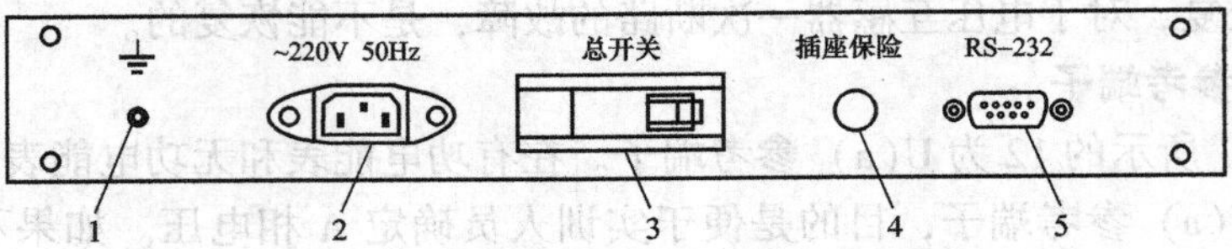

图 1-7 装置与外界的连接线板块放大图

1—接地点；2—电源插座；3—装置总开关；4—插座保险；5—通信接口

（1）接地点。作为整个柜体装置的接地保险，应可靠与实训室内的地线相连接。

（2）电源插座。使用交流 220V、50Hz 电源对柜体装置供电。

（3）装置总开关。在柜体的电源插座与电源接通以后，只有打开总开关后，才可以进行下一步的运行操作。

（4）插座保险。电源插座一旦出现意外原因导致电压、频率不符合柜体装置的要求时，保险会自动断开，保护装置本身的安全。

（5）RS-232 通信接口，用于检测、校验柜体装置内部程序。

除此之外，柜体底部还有一条数据传输线，通过水晶头与计算机主机相连接，进行通信传输，计算机软件操作的接线指令经此数据传输线下达给柜体装置。

2. 操作按钮板块

图 1-2（b）所示的 14 为操作按钮板块，图 1-8 为操作按钮板块的放大图。

图 1-8 操作按钮板块放大图

操作按钮板块中有三个按钮：启动按钮、复位按钮和停止按钮。

（1）启动按钮是柜体装置通电后，控制与计算机相接通的开关。按下启动按钮后，计算机与柜体装置接通，就可以通过计算机的软件操作把接线指令下达给柜体装置了。

（2）复位按钮的作用是控制系统的硬件恢复初始状态。一旦出现类似于计算机下达的接线指令不能传输到硬件等情况，按下复位按钮后，重新下达指令即可。

（3）停止按钮的作用是终止对柜体装置进行供电。在整个仿真系统使用结束后，散热风扇持续工作，为柜体装置散热，待柜体温度降至正常后再按下停止按钮，关闭系统。

柜体装置上的电能表装设完成以后，按照要求连接好装置的电源线、通信线，再打开装置总开关，此时，仿真系统的硬件装置完全准备就绪，可以随时开始工作。按启动按钮接通电源，然后按复位按钮即可进入正常工作。按下停止按钮则中断对系统的断电。如遇到死机等故障时按复位按钮即可恢复。

按上述步骤接通电源，启动完成 WT-F24 型电能表接线智能仿真系统的硬件设备后，即可通过计算机进行各种接线的仿真练习，具体内容见第二章。

第三节 软 件 介 绍

一、安装环境要求

本软件可在简体中文 Windows2000/XP 系统下安全运行，请在该系统下安装。硬件要求：pentium200M 以上 CPU；16M 以上内存；10M 以上硬盘剩余空间；4M 以上显存，800×600 以上分辨率，最佳选择为 1024×768 分辨率。

二、安装步骤

（1）首先将设备自带的安装光盘放入计算机光驱中。

（2）打开“我的电脑”，在 Windows 桌面上用鼠标左键双击“我的电脑”，再用鼠标左键双击光驱盘符进入初始安装界面，如图 1-9 所示。

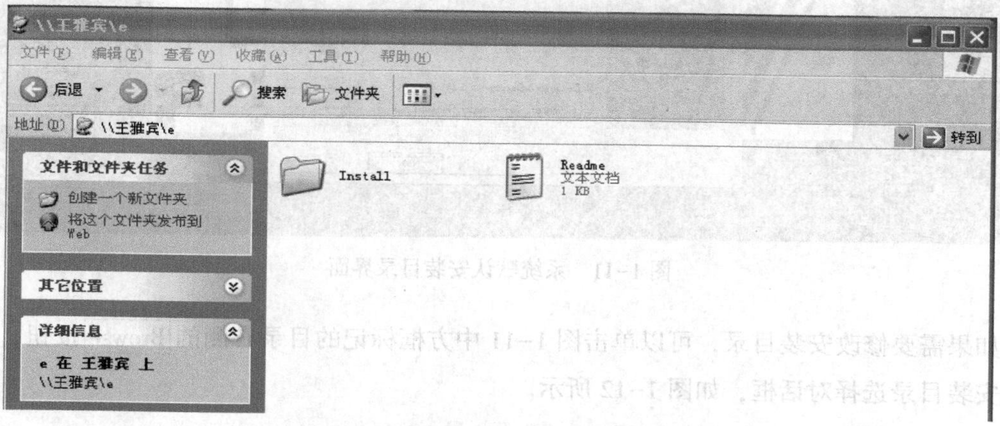

图 1-9　初始安装界面

（3）双击打开“Install”文件夹进入安装文件夹界面，如图 1-10 所示。

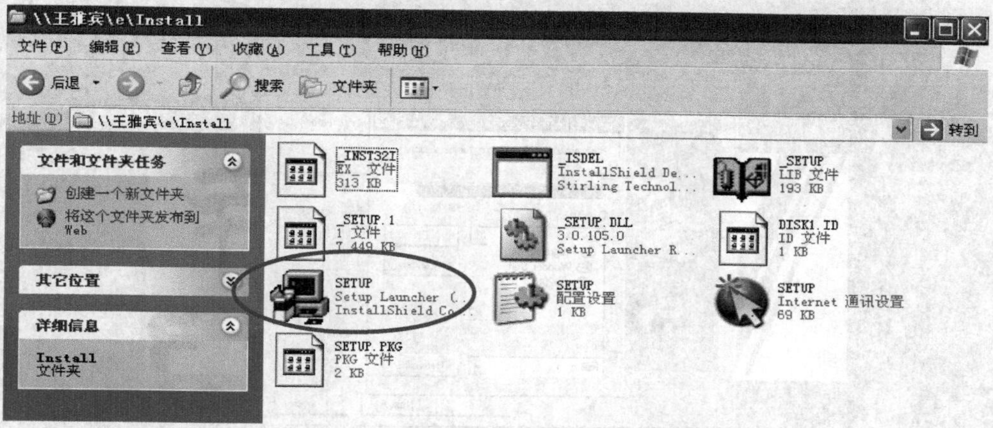

图 1-10　安装文件夹界面

（4）双击图 1-10 中圆圈标记的名为“SETUP”的安装文件。出现欢迎画面后，系统首先提示可以选择安装的目录，系统默认目录为“C：\ Program Files \ Wonder_ Soft \ ”，界面如图 1-11 所示。

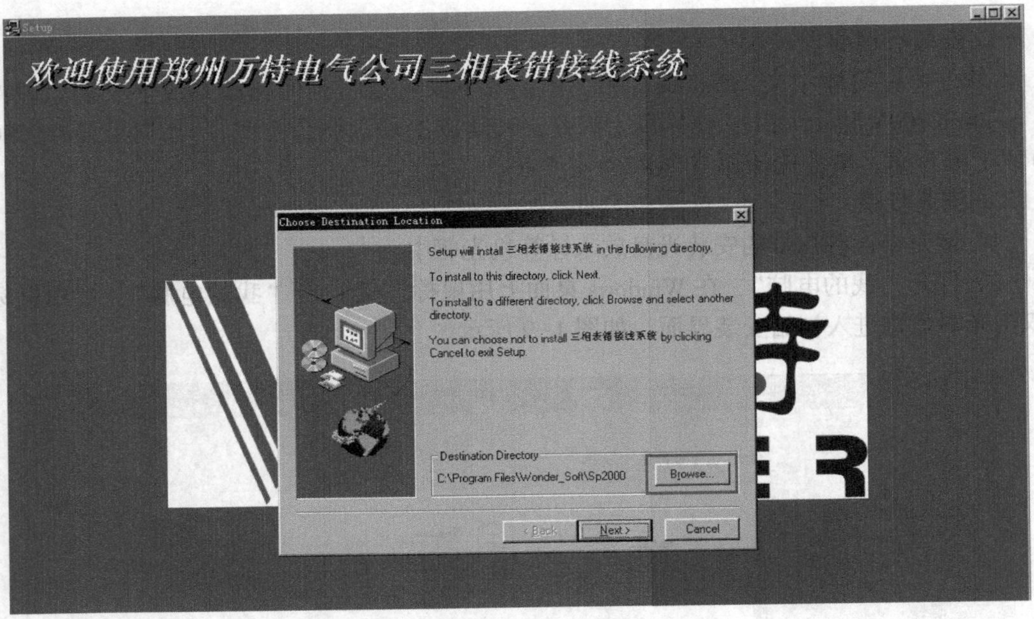

图 1-11　系统默认安装目录界面

如果需要修改安装目录，可以单击图 1-11 中方框标记的目录右侧的 Browse 按钮，则会出现安装目录选择对话框，如图 1-12 所示。

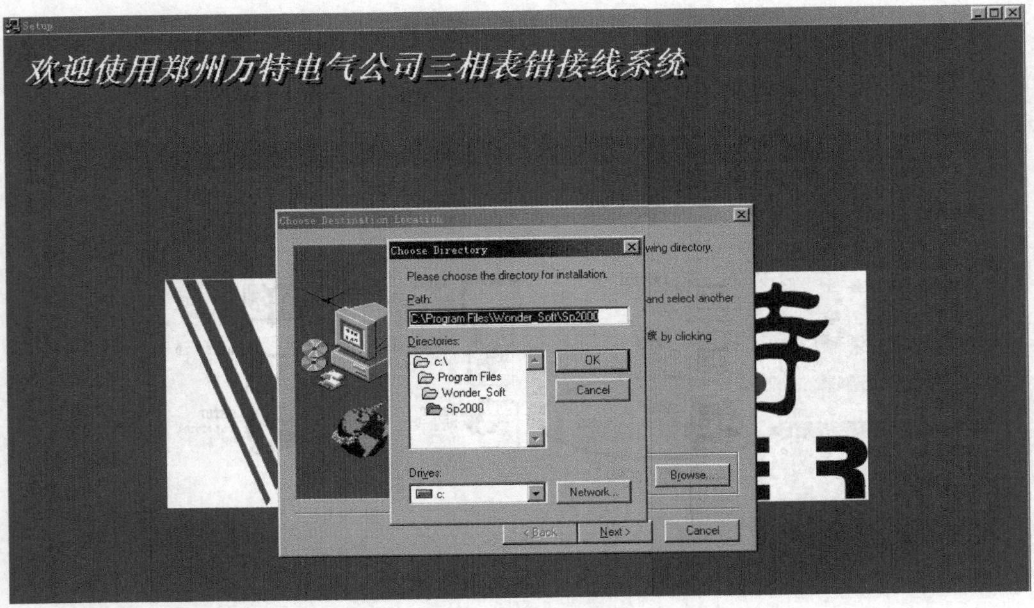

图 1-12　安装目录选择界面

选定安装目录或输入所要安装的目录后，单击OK按钮，确定安装目录，此时返回上一界面（如图 1-11 所示）。

（5）在图 1-11 中，单击Next按钮，出现选择程序组名界面，安装系统默认程序组名称为“万特三相表错接线仿真系统”，如图 1-13 所示。

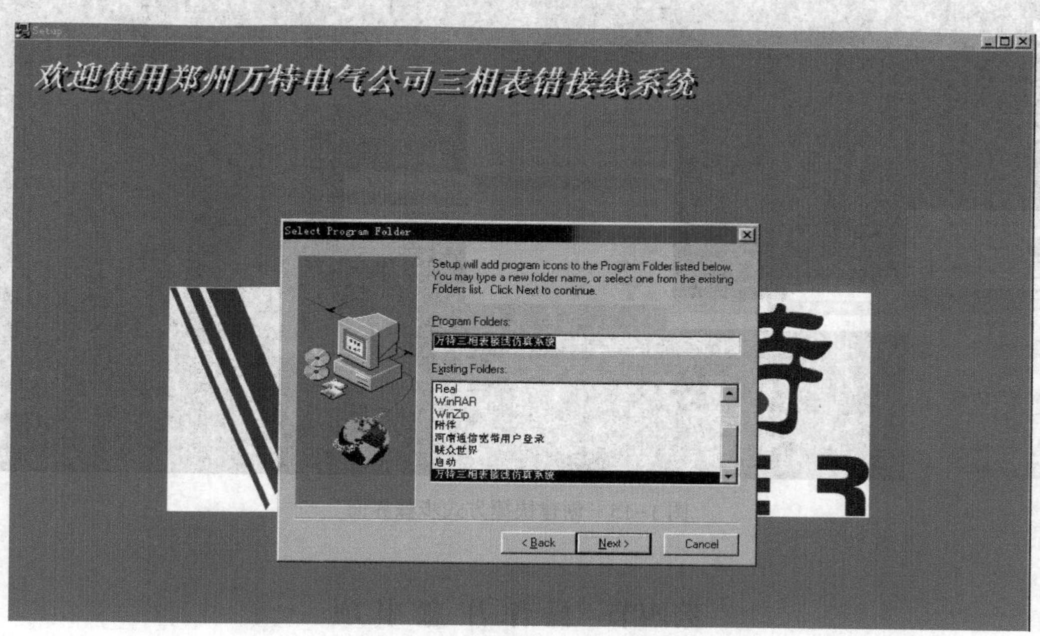

图 1-13　选择程序组名界面

（6）单击Next按钮继续安装程序，整个安装过程需要几分钟的时间，安装人员需耐心等待，在安装的过程中，不要随意触碰任何按钮或者关机，否则会导致软件安装失败。

在软件安装的过程中，如果单击Cancel，则系统会认为操作者有意放弃安装，会做出文字提示，提示操作者是否真的要放弃本次安装，如图 1-14 所示。

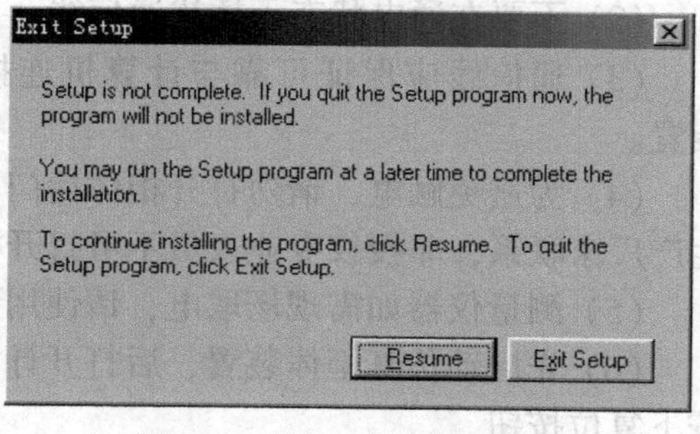

图 1-14　放弃安装提示界面

如果确定要放弃安装，单击Exit Setup即可，系统会退出安装；如果不想放弃安装，则单击Resume，系统会返回上一界面，可重新进行选择安装。

安装完毕以后，为了方便以后的操作，可以在桌面创建一个软件的快捷方式，步骤如图 1-15所示。

双击桌面快捷方式，出现主画面后即可开始实训操作。

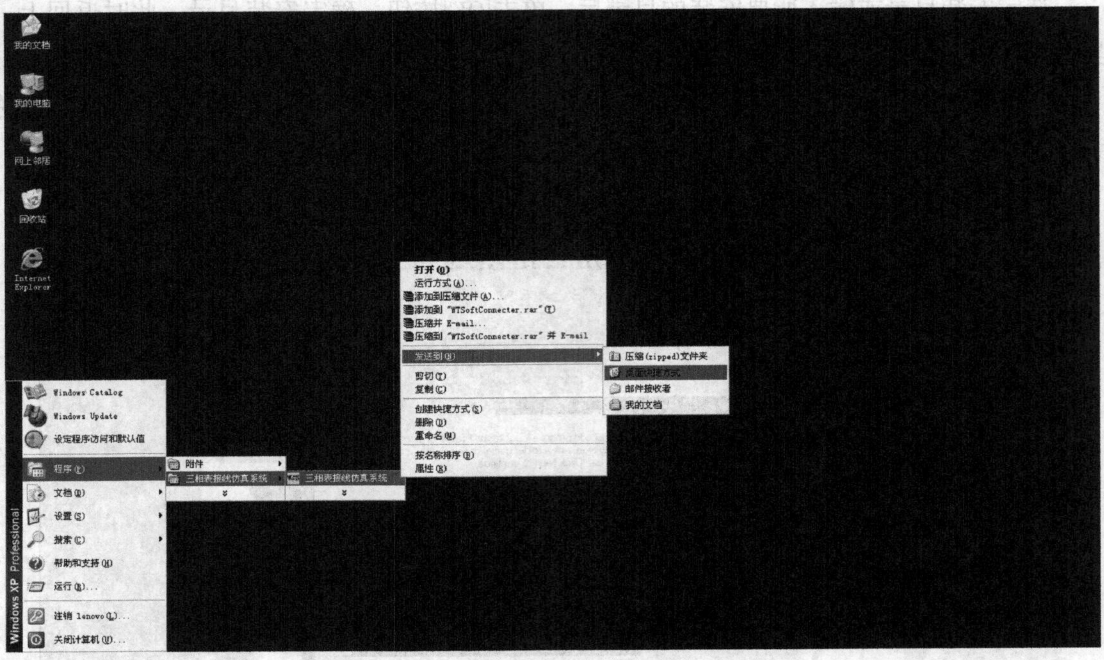

图 1-15 创建快捷方式步骤界面

第四节 操作注意事项

(1) 柜体应保证与大地可靠连接，防止柜体突然出现带电情况，威胁操作人员的安全。

(2) 不要在通电状态下插拔通信线。

(3) 通信线应保证可靠与计算机连接，如连接中断，则计算机指令不能传输至柜体装置。

(4) 为避免触电，请勿打开柜体后门，柜体后门钥匙必须由专人保管。若需维护，请与生产厂家联系，非授权专业人员不可打开柜体后门，进行操作。

(5) 测量仪器如需现场取电，请使用专用配电插座，电压回路仅供测量使用。

(6) 先启动仿真柜体装置，后打开计算机软件，为保证装置可靠运行，柜体启动后，再按下复位按钮。

(7) 需退出接线仿真系统软件时，最好先操作计算机将电压与电流均降为零，然后再关闭计算机软件。

(8) 需关闭整个系统时，退出 WT-F24 型电能表接线智能仿真系统软件后，需等待至少 10min，再按停止按钮，否则不仅不利于装置散热，而且会损伤内部元件，影响仿真系统的使用寿命。

课后习题

1. 悬挂三相四线有功电能表和三相四线无功电能表的仿真装置，通过更改接线后，是否可以接入三相三线有功电能表和三相三线无功电能表进行仿真实训？如果不可以，原因是什么？如果可以，有哪些需要注意的事项？

2. 只观察仿真装置外观，如何判断仿真装置是否处于运行状态？

3. 柜体装置在停电的状态下进行维护检修，检修人员使用相关工具时，是否可以从柜体装置的电源插座中取电？

4. 操作面板的故障恢复按钮分为几类？可以恢复的故障类型有哪些？

5. U(a) 参考端子设置的意义是什么？

6. 操作按钮板块中，复位按钮的作用是什么？

7. 仿真装置在实训前，柜体装置和计算机软件的启动顺序是怎样规定的？

第二章　误接线仿真设备软件操作及工器具使用

第一节　仿真系统介绍

一、仿真系统登录

首先启动仿真柜体装置，按下机柜后面板上的启动按钮，此时，柜体装置的语音系统发出“开始”的语音提示。

然后打开计算机，双击桌面的快捷方式，或依次单击“开始—程序—郑州万特电气有限公司电能表接线仿真系统—三相电能表接线仿真系统”，计算机右上角出现系统启动的软件按钮，单击即可进入主界面，主界面如图 2-1 所示。

图 2-1　软件主界面

注意，主界面左下角应有“串口已经打开”的文字提示。如果软件启动之前没有启动柜体装置或者计算机与柜体装置未能有效连接，则主界面左下角会显示“不能打开串口”的文字提示，如图 2-2 所示。

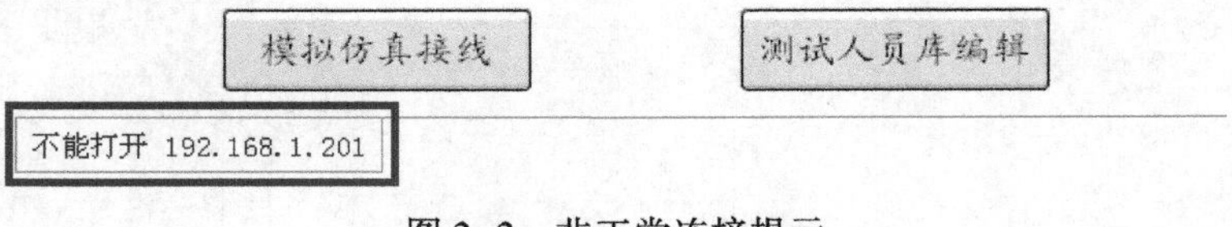

图 2-2　非正常连接提示

如果提示“不能打开串口”，说明柜体装置与计算机不能有效连接，可以尝试关闭主界面，重启柜体后再打开软件主界面；如果提示仍然不能打开串口，则需检查计算机与柜体的数据传输线是否可靠连接。应保证连接正常、启动顺序正确，否则串口不能打开。只有在串口已经打开的情况下，才可以进行下一步操作。

二、仿真系统功能简介

按照正常顺序操作后，计算机显示的主界面如图 2-1 所示，操作人员可以看到界面有模拟仿真接线、测试人员库编辑、测试题库编辑器、查询测试结论四个功能键，除了这些功能之外，还有“在线帮助”和“系统串口设置”两个不在界面显示的功能。

1. 在线帮助

在接线仿真系统主界面下，按下帮助快捷键F1，即可进入在线帮助系统，其界面如图 2-3所示。

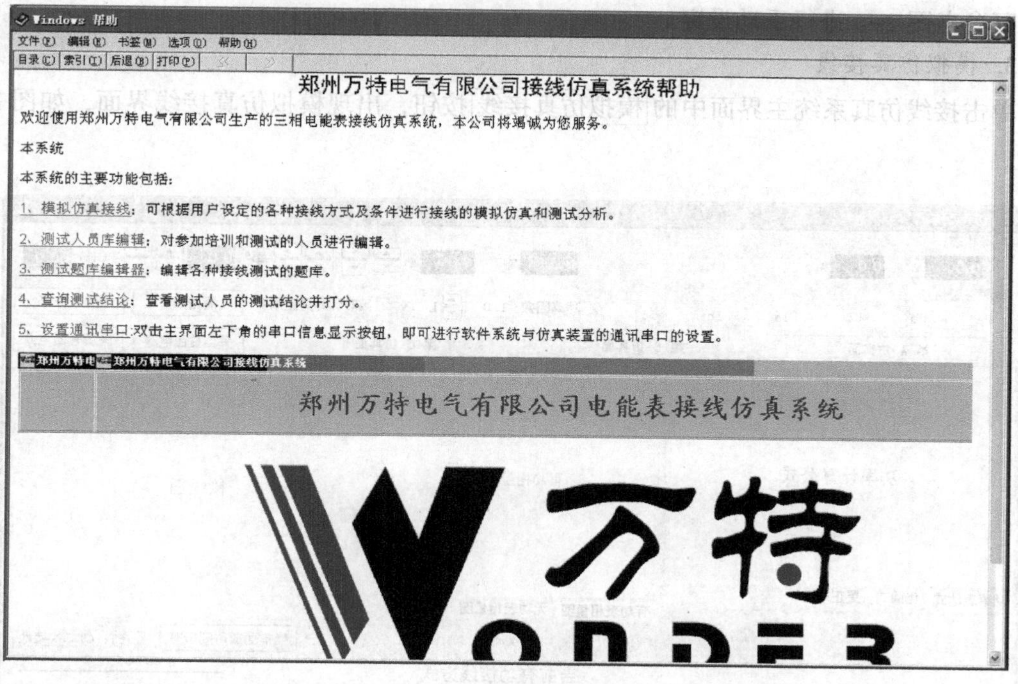

图 2-3 在线帮助界面

通过“在线帮助”功能，用户可以对软件的每一步具体操作获取方便快捷的帮助指导，有助于初学者对软件系统内容的熟悉。

2. 系统串口设置

系统串口设置功能的打开方式为：在接线仿真系统主界面的左下角有一组显示串口已经打开的文字，双击此文字，进入系统串口设置的界面。系统串口设置功能很重要，非授权操作人员不可以随意更改已设置的数据，所以进入设置界面需要输入密码。

一般情况下，系统完成安装时串口已经设置完毕，不需要另外设置。如图 2-4 所示的界面即为系统的默认设置。

用户初次使用时需要进行检查，如果串口的默认设置不成功或者有特殊原因需要更改

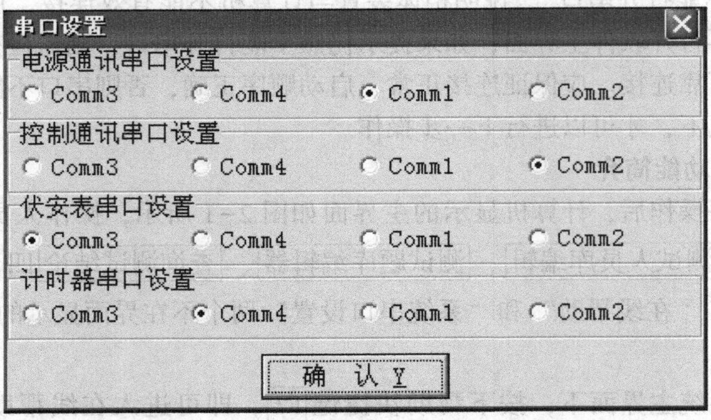

图 2-4　系统的默认串口设置

时，可参考图 2-4 进行手动设定。

3. 模拟仿真接线

单击接线仿真系统主界面中的模拟仿真接线按钮，出现模拟仿真接线界面，如图 2-5 所示。

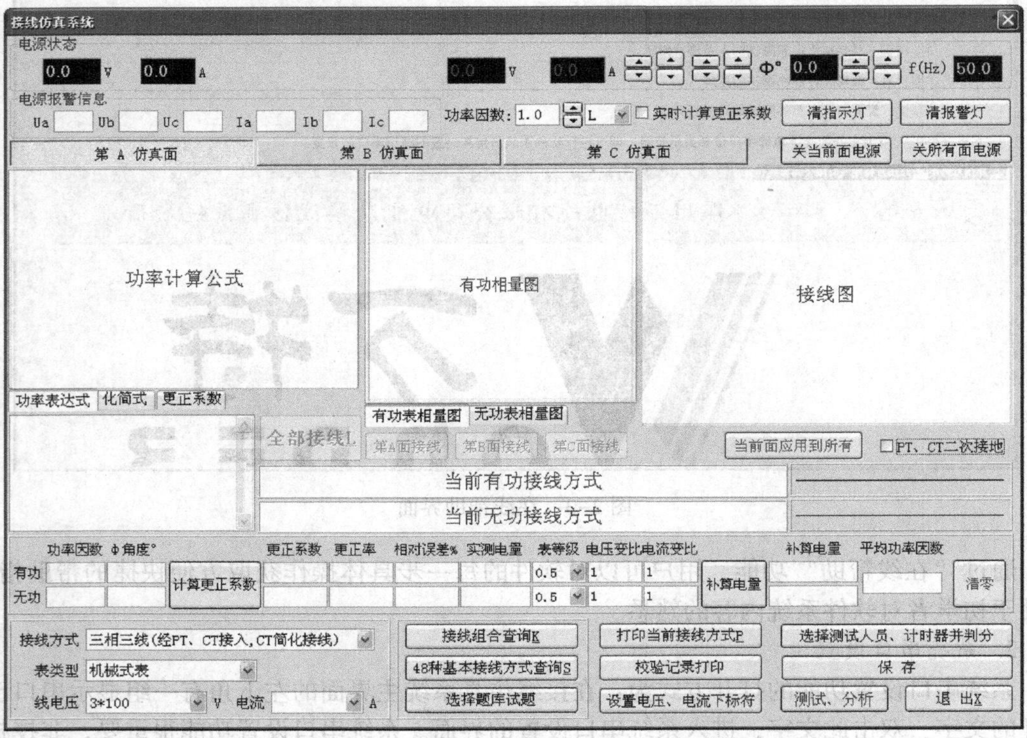

图 2-5　模拟仿真接线界面

此界面中需要操作人员对接线方式、表类型、电流（界面左下角部分）及功率因数部分（界面右上角）进行设置。接线方式、表类型、电流均应根据柜体装置所悬挂的电能表型号及其铭牌标注参数的实际情况进行设置，否则容易损伤设备。功率因数的设置会影响到相量图的形状变化。

模拟仿真接线功能是误接线练习中的主要内容，将在本章第二节进行详细介绍。

4. 测试人员库编辑功能

在接线仿真系统主界面中，单击测试人员库编辑按钮，会出现测试人员编辑界面，如图 2–6 所示。

图 2–6 测试人员编辑界面

操作人员在这个界面下对测试人员和考官人员的信息进行输入、编辑。其中“准考证号”“人员姓名”“工作单位”“备注”是测试人员需要填写的信息，如果测试人员中有人作为考官出现，则需要在“是否为考官”的选填信息栏进行勾选。

界面最下一行的各个符号含义如下：

——测试人员库信息的第一条记录；

——测试人员库信息的前一条记录；

——测试人员库信息的后一条记录；

——测试人员库信息的最后一条记录；

——添加测试人员库信息的记录；

——删除测试人员库信息的记录；

——对测试人员库信息的编辑；

——对测试人员库信息确认修改；

——对测试人员库信息放弃修改；

——对测试人员库信息更新数据。

把所有测试人员的信息编辑完毕后，直接单击返回即可完成保存并退出这个界面。

5. 测试题库编辑器功能

在接线仿真系统主界面中，单击测试题库编辑器按钮，就进入了测试题库编辑器界面，如图 2–7 所示，当鼠标在界面滑动时，图中会出现删除接线方式的黄底提示信息。

(1) 根据装置所配置的电能表，选择好“表类型”。界面最上侧是不同的电能表接线方

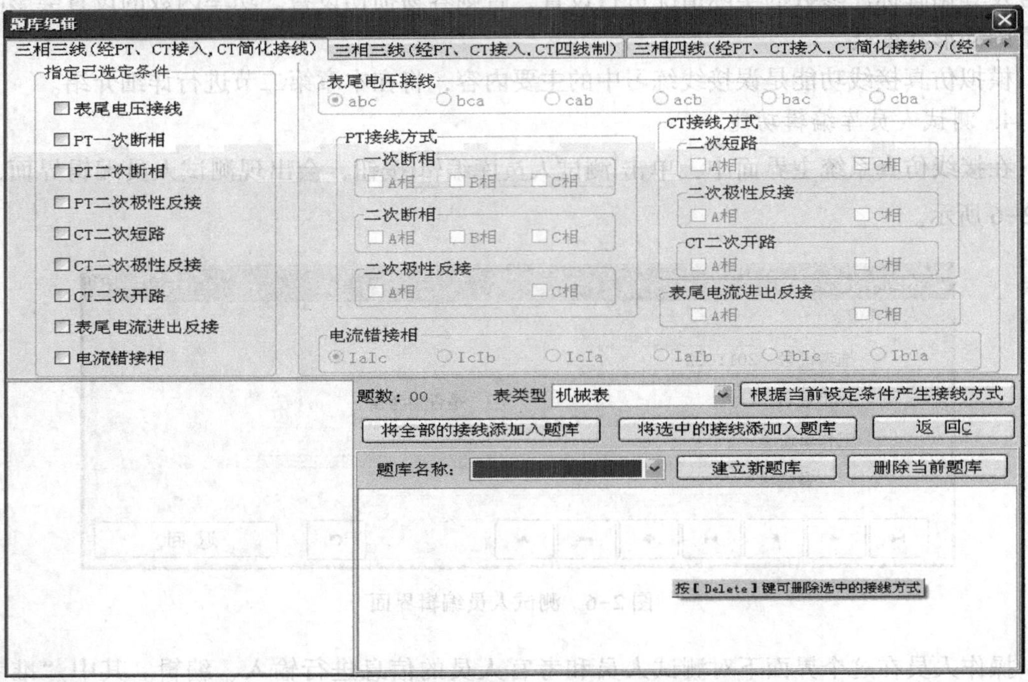

图 2-7 测试题库编辑器界面

式，三相三线或者三相四线 PT、CT 的各种接线方式，选择好建立题库需要的接线方式。单击建立新题库按钮，在弹出对话框中输入所要设定的题库名称。

(2) 在界面左侧“指定已选定条件”框中在所要选择的条件前打“√”。这时，界面右侧原来灰色不可选的各种接线方式，会在左侧条件勾选后，对应的变成可选择样式。这样，在左侧已经选择的条件内，操作人员可以进一步进行接线方式的详细选择。这里是个多重选择，如果对右侧可选择的条件不进行指定的勾选，那么系统会默认将其所有可能出现的接线方式全部进行排列组合。

(3) 单击根据当前设定条件产生接线方式按钮，则在左边空白方框内会根据设定的条件把所有的接线方式全部列出。如果勾选的指定条件过少，系统会把其余所有未选择条件的接线方式全部排列组合一遍，然后列出。由于这样做会消耗一些时间，所以系统会出现“您选定的条件较少，系统可能需要较长的时间，您确认进行吗”的提示，选择“是”，等待系统列出接线方式即可，通过观察进度条，操作人员可以了解接线组合列出的进度；选择“否”，则可以继续勾选，增添新的指定条件，以便缩小题库包含的接线方式选择范围，可以进行有针对性的训练。

(4) 将接线方式加入题库，可以单击将全部的接线添加入题库按钮，把左侧所有的接线方式一次性添加入所建的题库，也可以在其中选中一些需要的接线方式将其加入题库，或删除一些不需要的接线方式，将剩余接线方式加入题库。

(5) 浏览题库并完成测试。

题库的浏览在模拟仿真接线界面下，具体操作将在本章第二节详细讲解。

6. 查询测试结论

在如图 2-1 所示的接线仿真系统主界面中，单击 查询测试结论 按钮，弹出如图 2-8 所示的窗口。操作人员可以在窗口左上角的“查询条件”中对所需查询信息进行细化分类，选择相关的“测试日期”“人员编码”“人员姓名”“排序方法”等信息，以便于快速准确的查找。

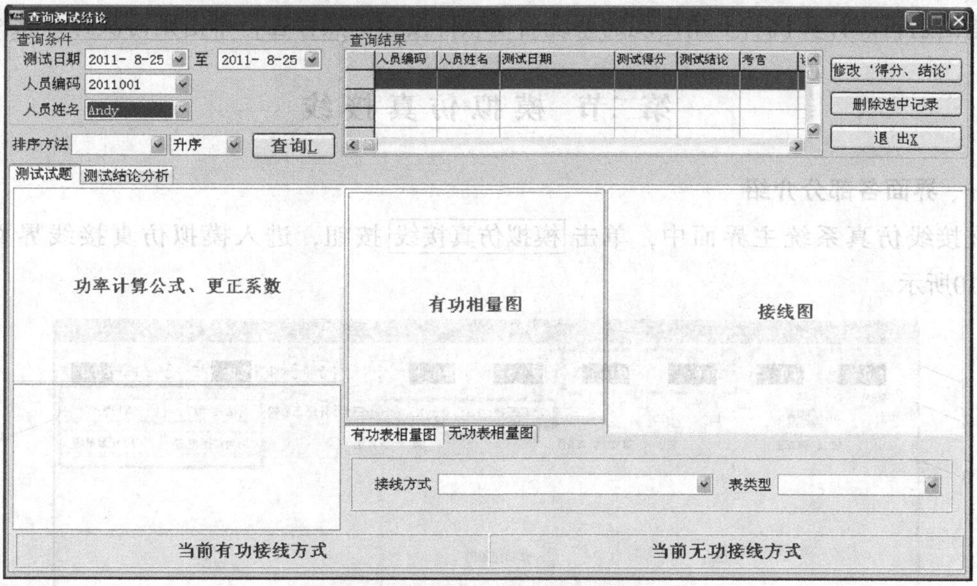

图 2-8　查询测试结论界面

选好查询条件，然后单击 查询 按钮，在查询结果中将显示出来相关人员的测试信息，单击查询结果界面中需要详细查询的信息条，则会出现测试时的所有信息，如图 2-9 所示。

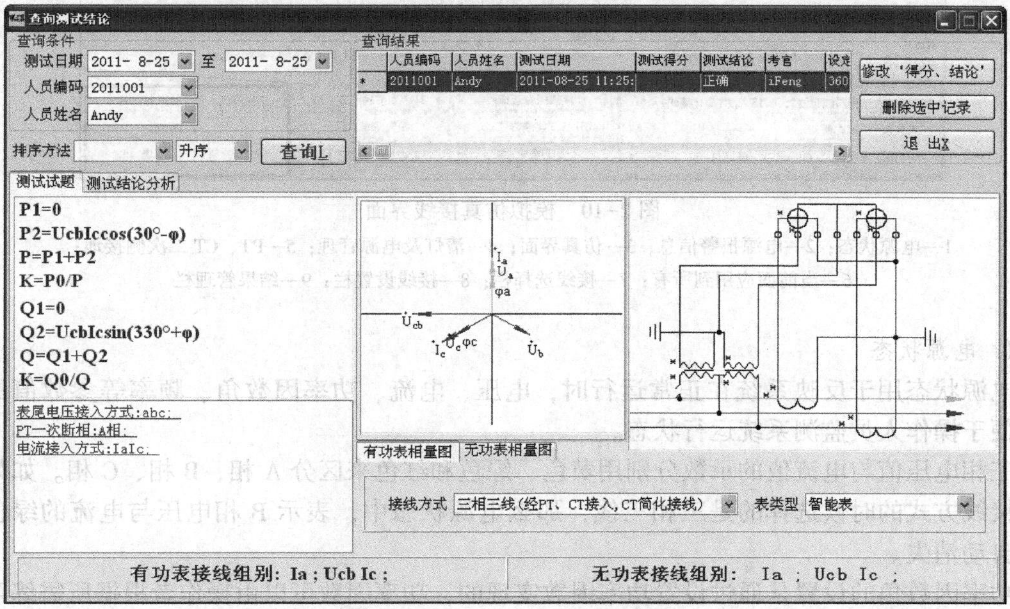

图 2-9　查询测试结论时信息显示界面

在这个界面下，操作人员可以对这条查询的记录进行复查、修改、删除等操作。查询完毕，单击 退出X 即可退出查询测试结论界面。

7. 退出

在如图 2-1 所示的接线仿真系统主界面单击 退出X ，仿真系统软件的主界面将关闭，软件退出运行。计算机右上角出现的系统启动软件按钮仍然存在，单击则再次打开软件。

第二节 模拟仿真接线

一、界面各部分介绍

在接线仿真系统主界面中，单击 模拟仿真接线 按钮，进入模拟仿真接线界面，如图 2-10所示。

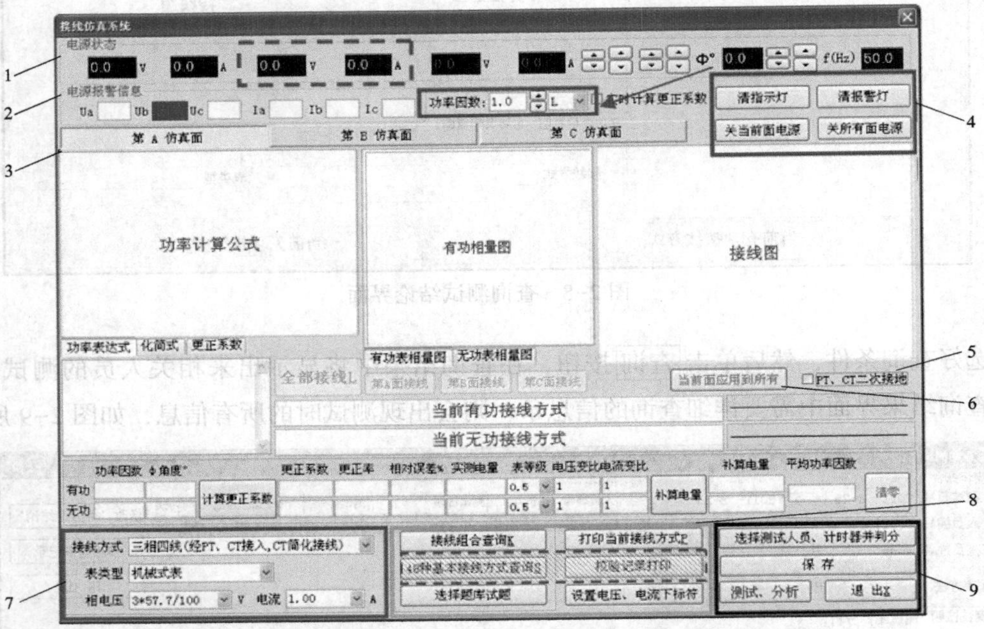

图 2-10 模拟仿真接线界面

1—电源状态；2—电源报警信息；3—仿真界面；4—清灯及电源管理；5—PT、CT 二次侧接地；6—当前面应用到所有；7—接线选择栏；8—接线设置栏；9—结果管理栏

1. 电源状态

电源状态用于反映系统在正常运行时，电压、电流、功率因数角、频率等参数值的大小，便于操作人员监测系统运行状态。

三相电压值与电流值的示数分别用黄色、绿色和红色来区分 A 相、B 相、C 相。如果在选择接线方式的时候选择的是三相三线，那么电源状态中，表示 B 相电压与电流的绿色视窗会自动消失。

功率因数角的设置是通过设置功率因数实现的，功率因数可以由操作者根据所需练习内容自行调整设置大小值，负载的容性与感性也可以通过选择进行修改。功率因数与负载性质设置完毕后，功率因数角会自动生成。

频率是监测接入设备的电源频率变化情况，不需要设置。

2. 电源报警信息

电源报警信息是监控接入系统的三相电压、电流情况的。一旦系统发生过电压、短路、开路等情况，系统自动关闭电源，与之相关的某相或某几相的电压、电流空白框内出现红色示警（如图 2-10 中 Ub 所示），同时装置的语音系统告警，提示具体误操作的内容。

需要注意的是：如果在接线方式中人为的选择了“CT 二次侧开路”，那么电源报警信息中相应电流相也会出现红色示警，但是系统不会语音告警，也不会自动关闭电源。这种情况不影响操作训练，也不会对系统产生危害。

3. 仿真界面

本实训装置一共有 A、B、C 三个仿真界面，每个仿真界面可以独立工作，运行时相互之间基本不影响。三个界面共用一个监控界面，界面显示功率表达式、相量图、接线图、接入方式、接线组别等信息。通过单击“第 X 仿真界面”（X 为 A、B、C）按钮完成不同界面监控信息的切换。

4. 清灯及电源管理

(1) 清指示灯：实训过程中，出于判断需要可能会用到装置的故障恢复按钮，按下按钮后，相应的指示灯会亮起。操作结束后，指示灯是不会自行熄灭的，即使重启仿真装置，启动后指示灯会仍然亮起。只有单击清指示灯，指示灯才会熄灭。

值得注意的是：清指示灯按钮的有效范围仅是当前所显示的监控界面，与其余界面无关。举个例子，如果当前监控界面选择的是第 C 仿真界面，那么，此时单击清指示灯，只能清除此装置第 C 仿真界面下的故障恢复按钮指示灯，而第 A 仿真界面和第 B 仿真界面的故障恢复按钮指示灯不会发生变化。

(2) 清报警灯：一旦系统发生过电压、短路、开路等情况，系统自动关闭电源，与之相关的某相或某几相的电压、电流空白框内出现红色示警。装置按下停止按钮后，计算机界面相关相红色示警仍然存在。单击清报警灯，红色示警消失，界面恢复正常。

(3) 关当前面电源：单击关当前面电源，当前监控界面所展示的仿真面电源关闭，其电源状态栏全部清零，同时，关电源按钮变为开电源按钮，以备再次开启电源。其他仿真面运行状态不受影响，正常工作。

(4) 关所有面电源：单击关所有面电源，三相仿真面电源全部关闭，其电源状态栏全部清零，同时，关电源按钮变为开电源按钮，以备通过切换监控面来再次单独开启某相仿真面的电源。

5. PT、CT 二次侧接地

这是一个选填的信息栏，如果勾选 PT、CT 二次侧接地，则在计算机的控制下就会接地，否则不接地。勾选与否的区别在于，在系统界面右侧呈现的接线图中，PT、CT 二次侧是否存在接地符号。

6. 当前面应用到所有

这个按钮属于一种快捷设置方式，适用于装置三个仿真面进行相同误接线仿真实训练习。只要在某界面的误接线设置完成后，单击 当前面应用到所有 按钮，即可把与此界面相同的误接线设置添加在其余两个界面中，通过切换仿真界面按钮，可以观察其余界面的设置情况，如需更改，直接在所需更改的界面操作即可。

7. 接线选择栏

（1）接线方式：一个下拉的选择性菜单，根据装置具体悬挂的电能表来选择相应的系统接线方式和电流、电压互感器接入方式。

需要注意的是：如果选择三相三线类的接入方式，那么在图 2-10 的电源状态中，表示 B 相电压与电流的绿色视窗会自动消失，其余不变；如果选择三相四线类的接入方式，那么图接线设置中阴影部分的 48 种基本接线方式查询 S 按钮和 校验记录打印 按钮会自动消失，其余不变。

（2）表类型：一个下拉的选择性菜单，根据装置具体悬挂的电能表来选择表类型，软件提供机械式表、电子式多功能表和智能表三个选项。

（3）相（线）电压：接线方式选择完毕后，系统会自动切换出相应的电压。如选择三相四线（经 PT、CT 接入，CT 简化接线），则自动显示为“相电压：3＊57.7/100V”；如选择三相三线（经 PT、CT 接入，CT 简化接线），则自动显示为“线电压：3＊100V”。此处的电压不需要人为设置。

（4）电流：这是一个可供操作人员手动输入的对话框，并且每次输入软件会记住，方便下次直接下拉菜单进行选择。负载电流设置的大小受到装置悬挂的电能表量程限制，设置的电流值过大容易损伤设备。由于某些误接线的结果本身会造成电流增大，所以建议电流设置为 1~2A。

8. 接线设置栏

（1）接线组合查询 K：在设置完功率因数和接线选择栏以后，单击 接线组合查询 K 按钮，会弹出一个组合接线选择的界面，在这个界面下，操作人员可以对装置的接线进行详细的设置。

由于之前接线选择栏中接线方式（三相三线或三相四线）选择的不同，所以弹出的组合接线界面也会不同。界面分为三相三线和三相四线的组合接线界面，如图 2-11 所示。

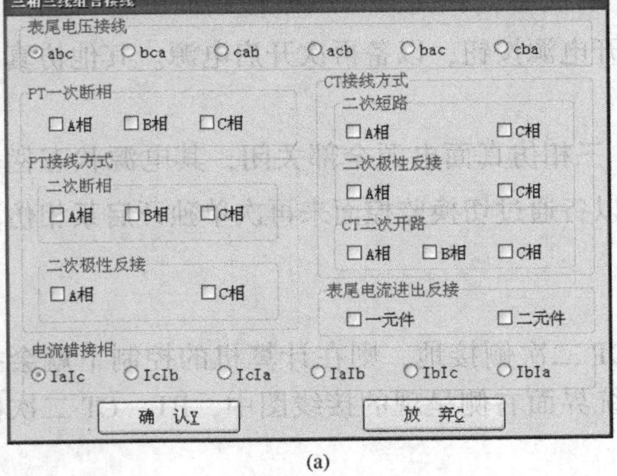

(a)

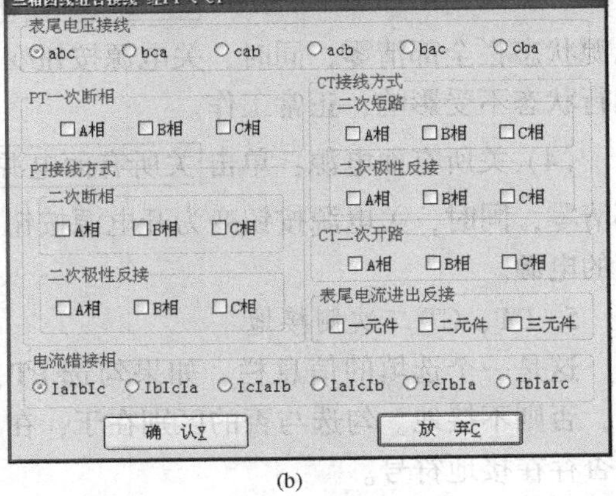

(b)

图 2-11 接线组合查询界面

（a）三相三线的组合接线界面；（b）三相四线的组合接线界面

（2）打印当前接线方式 P：在完成相关设置以后，操作人员可以把当前接线的相关信息保存成图片的格式，便于作为原始资料浏览和打印。

设置接线方式后，单击打印当前接线方式 P按钮，出现相应界面，如图 2-12 所示。

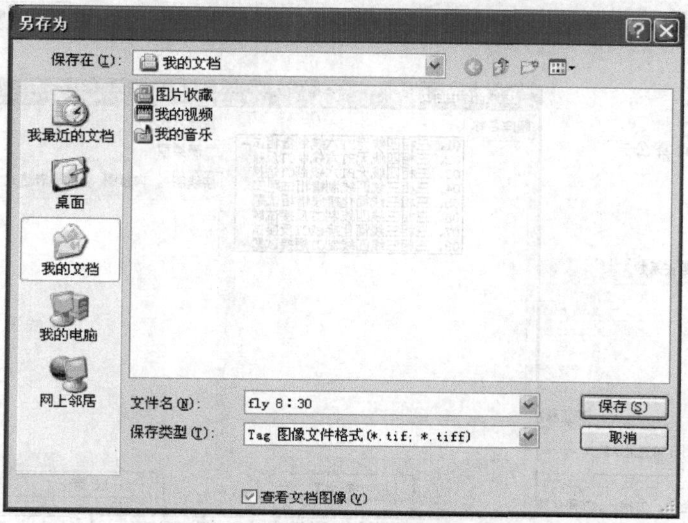

图 2-12　打印当前接线方式界面

选择好需要保存的路径，并对文件进行命名（如图 2-12 中“fly 8：30”）后，单击保存（S）按钮，系统保存后直接返回模拟仿真接线界面。按照保存的路径可以找到图片，双击即可查看，需要打印可在查看界面直接进行打印。

（3）选择题库试题：这是一个可以进行有针对性训练的接线快捷设置按钮。之前在测试题库编辑器中按照所需训练的方向，设置了很多题库，现在可以调用了。在模拟仿真接线界面下，单击选择题库试题按钮，将出现选择题库试题界面，如图 2-13 所示。

在题库名称的下拉菜单中，选择所需的题库名称，该题库中所有接线方式将出现在左侧空白位置，单击其中某种接线方式，右侧将显示具体信息，可以分别在“接线图”“向量图”“功率表达式”“接线说明”中切换查看。在选择好适合训练的接线方式后，单击确认 Y按钮，所选接线方式接入系统，此时，只需在返回的模拟仿真接线界面下补充功率因数和电流值的设置后，系统就可以快速投入运行。

（4）设置电压、电流下标符：电压、电流的下标符号没有统一的硬性规定，可根据操作者的需要，设定电压、电流的表示方式。单击设置电压、电流下标符按钮，将出现相应的界面，如图 2-14 所示。

系统默认设置的电压、电流下标均为 a、b、c，操作者可以根据自己的习惯任意设定，如改为 1、2、3 或者 U、V、W 等。

（5）48 种基本接线方式查询 S：这同样是一个可以进行有针对性训练的接线快捷设置按钮，与“选择题库试题”按钮类似。只有在接线方式的下拉菜单中选择三相三线类的接入方式，48 种基本接线方式查询 S按钮才会出现。单击48 种基本接线方式查询 S按钮，选择

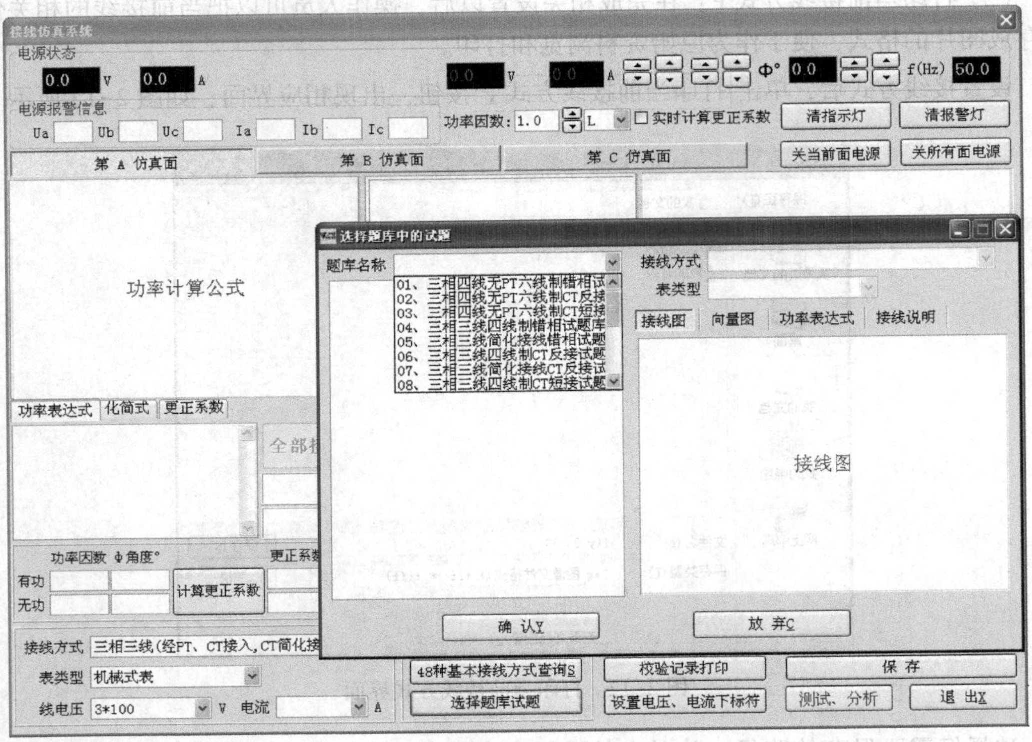

图 2-13　选择题库试题界面

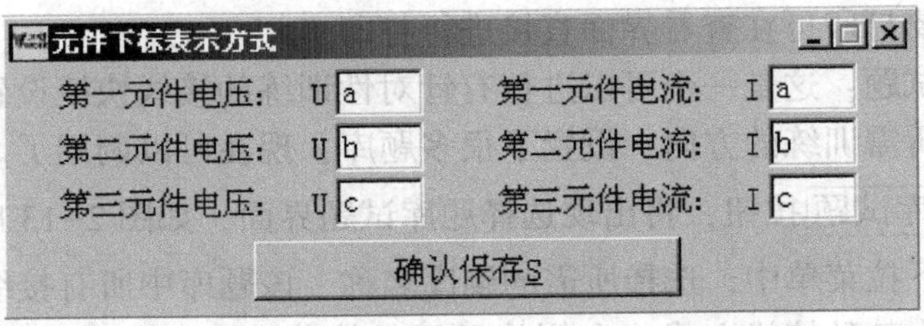

图 2-14　设置电压、电流下标符界面

“相线”和“表类型”，“接线方式”的下拉菜单中会出现 48 种最基本的接线方式（即只有表尾电压错接线和电流错接相两种误接线方式），选择好适合训练的接线方式后，单击 确认 Y 按钮，所选接线方式接入系统，此时，只需在返回的模拟仿真接线界面下补充功率因数和电流值的设置后，系统就可以快速投入运行。

（6）校验记录打印：与 48 种基本接线方式查询 S 按钮相同，只有在接线方式的下拉菜单中选择三相三线类的接入方式， 校验记录打印 按钮才会出现。用于专业人员校验设备。单击此按钮，出现校验记录打印界面，如图 2-15 所示。

校验时间为计算机所显示的时间，校验结果可以直接打印保存。

9. 结果管理栏

（1）选择测试人员、计时器并判分：这是一个训练辅助按钮，可用于训练、考核中计时

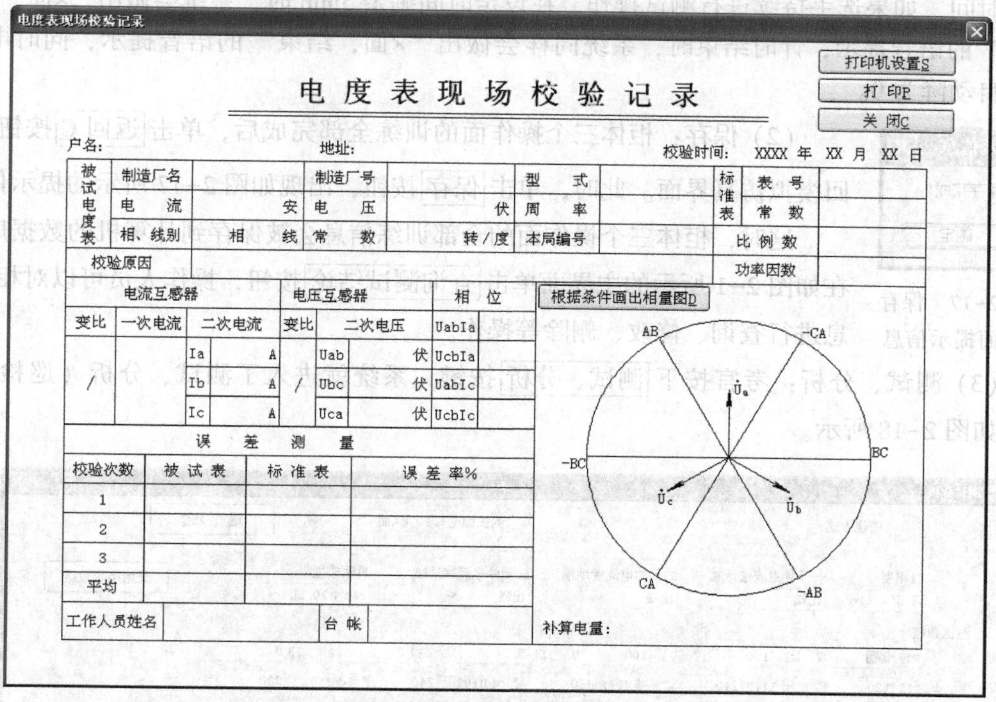

图 2-15　校验记录打印界面

以及记录测试结果和得分，一般在强化训练及比赛中使用。单击此按钮，出现的相应界面如图 2-16 所示。

首先确定选填的信息为系统的哪个操作面，选定后再填写其他信息，以免弄乱最后信息。“准考证号”“姓名”“考官编号”“考官姓名”是在下拉菜单中选择的，这些可选的信息是在之前主界面下使用的测试人员库编辑功能中填写完毕，此处仅能选择，不可填写。“测试结论”下拉菜单仅有“正确”和“不正确”两个选项，供裁判选择。得分栏是可以填写的，按照比赛的规定，裁判最终对选手的结果进行打分。红色计时为倒计时装置，与系统操作界面上的倒计时显示器同步显示剩余时间。设定时间装置设置的一般应为比赛最长的约定时间，超出这个时间，因为无法记录完成的准确时间，成绩判定为无效。信息填写完成后，单击开始计时按钮，则此界面开始计时，语音会同步提示计时开始。单击全部开始计时按钮，则第 A、B、C 面同时开始计时。选手完成测试后，直接按下自己所在操作面的“停止”按钮（或示意考官，考官切换相应的操作面，单击停止计时按钮），此操作面的计时停止，系统会做出“×面，结束”的语音提示，同时电压、电流自动降为 0，不再支持其他操作，防止出现停止计时仍然操作的作弊行为。操作面上红色的计时数为提前完

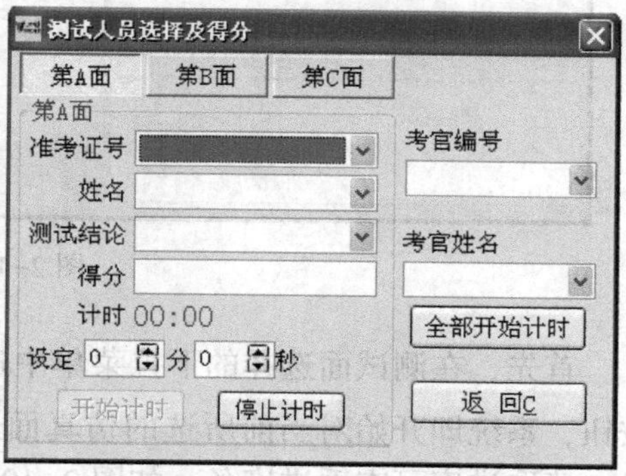

图 2-16　选择测试人员、计时器并判分界面

成的时间，如果选手持续进行测试操作，在设定时间剩余5min时，系统会做出“×面，最后5min”的语音提示，计时结束时，系统同样会做出“×面，结束”的语音提示，同时电压、电流自动降为0。

图2-17 保存界面提示信息

（2）保存：柜体三个操作面的训练全部完成后，单击返回C按钮，返回模拟仿真界面。此时，单击保存按钮，出现如图2-17所示的提示信息。

这时，柜体三个操作面的全部训练信息会被保存到计算机的数据库中。在如图2-1所示的主界面单击查询测试结论按钮，操作人员可以对相关信息进行查询、修改、删除等操作。

（3）测试、分析：考官按下测试、分析按键，系统就进入了测试、分析（巡检）界面，如图2-18所示。

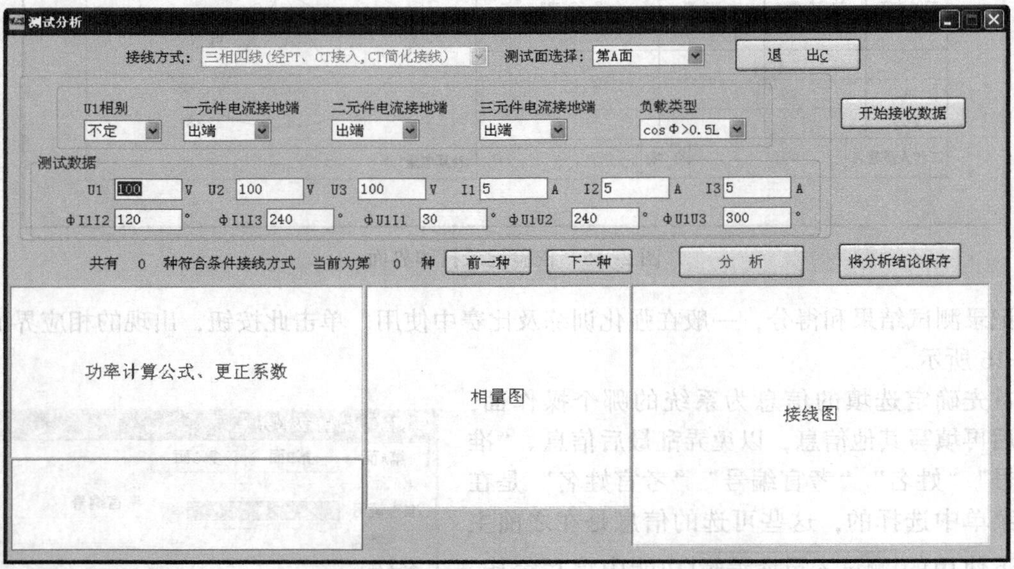

图2-18 测试、分析界面

首先，在测试面选择的下拉菜单中选择好所需分析的测试面；然后单击开始接收数据按钮，系统即开始对当前所选的仿真面进行电能表表尾电压、电流参数检测并上传到计算机，读取进度可查看进度条，如图2-19所示。

图2-19 进度条界面

这期间会有几秒钟的延时，在等待期间最好不要操作其他功能，以保证数据传输不受干扰。接收数据完毕后，系统自动将检测到的电压、电流相位等参数显示在测试数据栏中。

单击[分析]按钮，系统即可根据检测到的数据将所有可能的接线方式全部罗列出来，并且每种接线方式均能显示出功率计算公式、相量图、接线图和接线方式描述，操作者可以通过单击前一种、后一种按钮进行分页查看，其测试界面如图 2-20 所示。

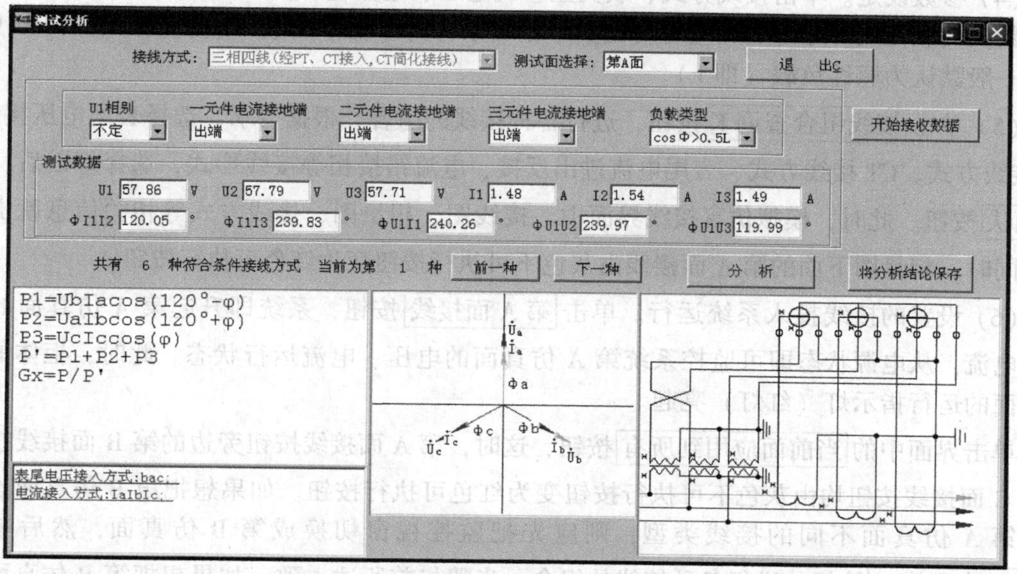

图 2-20　测试分析界面

需要注意的是：如果系统本身存在故障，则可能出现没有符合条件接线方式，此时单击[分析]按钮，左下角的空白处会显示系统本身存在的故障。此功能有助于专业维修人员维修、调试设备。

查看完毕后，单击[将分析结论保存]按钮，将该测试面的考题和考试答案予以保存。

（4）退出 X：训练或考试结束后，单击[退出 X]按钮退出模拟仿真界面，计算机返回仿真系统软件的主界面。

需要注意的是：单击此按钮前，必须先单击界面右上角的[关所有面电源]按钮，使三相仿真面电源全部关闭，其电流、电压状态栏示数全部归零。否则，系统正常运行，其电流、电压均存在，直接退出运行，会对装置产生冲击，损伤设备。

二、常规实训的启动设置步骤

下面简要介绍一下实训学员进行仿真接线装置培训练习时的常规操作步骤。

（1）启动仿真接线装置。按下装置机柜后面板上的“启动”按钮，此时，柜体装置的语音系统发出“开始”的语音提示；打开计算机，双击计算机桌面软件的快捷方式，单击计算机右上角系统启动的软件按钮，进入软件主界面；左下角显示系统与计算机已连接；按下机柜后面板上的“复位”按钮，柜体装置的语音系统再次发出“开始”的语音提示，软件复位成功，确保对仿真软件可以开始设置。

（2）单击主界面中的[模拟仿真接线]按钮，进入模拟仿真接线界面。

（3）清故障按钮恢复指示灯。分别切换第 A、B、C 仿真面，单击清指示灯按钮。由于实训是一直进行的，可能有的实训人员完成误接线排查后直接离开，那么设备的故障按钮恢复指示灯就会持续不灭，不及时清除会对下一组训练产生干扰。所以，实训人员应养成在启动设备后、运行设备前，先行清指示灯的习惯。

(4) 参数设定。单击接线方式、表类型、线电压、电流进行参数的选择与设定，设定功率因数及负载性质。考虑实训应与现场实际相联系，所以功率因数一般设置为0.85~0.95，负载一般默认为感性负载（即L）。

(5) 单击 接线组合查询K 按钮，进行各种接线的组合。根据要求，选择表尾电压接线、PT接线方式、CT接线方式、表尾电流进出反接、电流错接相等接线形式，选择好以后，单击 确认 按钮。此时，模拟仿真接线界面中，接线图、相量图、接线方式等相关信息就出现了。同时，相量图下面的第A面接线由灰色不可执行按钮变为红色可执行按钮。

(6) 设置的接线投入系统运行。单击 第A面接线 按钮，系统即升起第A仿真面的电压、电流，从电源状态即可监控系统第A仿真面的电压、电流运行状态。此时，柜体的A操作面的运行指示灯（红灯）亮起。

单击界面中的 当前面应用到所有 按钮，这时，第A面接线按钮旁边的第B面接线按钮和第C面接线按钮均由灰色不可执行按钮变为红色可执行按钮。如果想把第B仿真面设置成与第A仿真面不同的接线类型，则应先把监控视窗切换成第B仿真面，然后单击 接线组合查询K 按钮，进行各种接线的组合，步骤与前所述一致；如果想把第B仿真面设置成与第A仿真面相同的接线类型，则直接单击第B面接线按钮即可完成设置并投入运行。第C仿真面设置与之相同。

全部接线L 按钮，可以使系统按各个仿真面的当前选择进行接线，同时使三相电源升起电压、电流，三面接线同时投入系统运行。但是由于系统自身原因导致需要首先升起第A仿真面的电压、电流，然后才可以自由选择升起第B仿真面或第C仿真面的电压、电流，所以在此不推荐使用 全部接线L 按钮，以免对系统造成干扰，导致接线设置失效。

(7) 关于训练的计时。按下 选择测试人员、计时器并判分，所需要的几个仿真面均设置好考试时间，为保证测试的准确性，应待系统平稳运行5~10min后，再开始考试计时。实训人员测试完毕后，操作者选择对应的仿真面，按下 停止计时 按钮，计时器终止计时。三面测试全部结束后，操作者选择好测试面，依次对其进行测试分析并保存。

(8) 关闭仿真接线装置。实训结束后，单击 关所有面电源 按钮，三相仿真面电源全部关闭，其电源状态栏全部清零。单击 退出X 退出模拟仿真界面，计算机返回仿真系统软件的主界面。在主界面单击 退出X，仿真系统软件的主界面关闭，软件退出运行。待15~20min后，按下装置机柜后面板上的停止按钮。因为软件退出运行后，仿真柜体装置的风扇仍然持续工作，为装置散热，此时不可立即停止运行，否则装置容易过热损伤。

以上步骤是正常实训练习时常用的操作步骤，如果涉及考试等需要详细记录考试结果的情况，具体操作参看本节界面各部分介绍中的8、9部分。

需要注意的是：操作者在操作过程中有致命的错误接线或电压线碰到外壳等情况发生

时，红色报警灯立即闪亮，语音提示错误操作，计时自动停止，同时该面电压、电流下降，带电指示灯灭，而其他面不受影响，此时，通过计算机清报警灯可以解除。

第三节 工具的使用

用于检测电能计量装置误接线的检测仪器种类很多，按本装置需要测试的内容可以分为测量电压的仪器、测量电流的仪器和测量相位的仪器等。

一、万用表的使用方法

万用表又称为复用表、多用表、三用表、繁用表等，是电力电子等部门不可缺少的测量仪表，一般以测量电压值、电流值和电阻值为主要目的。万用表按显示方式分为指针万用表和数字万用表，是一种多功能、多量程的测量仪表。一般万用表可测量直流电流、直流电压、交流电流、交流电压、电阻和音频电平等参数，有的还可以测量交流电流值、电容量、电感量及半导体的一些参数（如β）等。

数字万用表也称为数字多用表（DMM），是目前最常用的一种数字仪表。其主要特点是准确度高、分辨率高、测试功能完善、测量速度快、显示直观、过滤能力强、耗电低、便于携带。数字万用表的种类繁多，型号各异，每个电子工作者都希望有一块较理想的数字万用表。选择数字万用表的原则很多，有时甚至会因人而异，但对于手持式（袖珍式）数字万用表而言，应具备显示清晰，准确度高，分辨力强，测试范围宽，测试功能齐全，抗干扰能力强，保护电路比较完善，外形美观、大方，操作简便、灵活，可靠性高，功耗较低，便于携带，价格适中等优点。

数字万用表是一种多用途电子测量仪器，一般包含安培计、电压表、欧姆计等功能，有时也称为万用计、多用计、多用电表或三用电表。操作人员用数字万用表测量时需要掌握其测量的原理和使用方法。下面将介绍数字万用表用得最多的几种测量情况以及数字万用表使用时的注意事项。

（一）元件测量

1. 电阻的测量

图 2-21 测量电阻实物图

（1）测量步骤。首先红表笔插入 VΩ孔 ，黑表笔插入 COM孔 ，量程旋钮打到“Ω”量程挡位适当位置，分别用红黑表笔接到电阻两端金属部分，读出显示屏上显示的数据，其实物图如图 2-21 所示。

（2）注意事项。量程的选择和转换。量程选小了显示屏上会显示“1.”，此时应换用较大的量程；反之，若量程选大了，显示屏上会显示一个接近于“0”的数，此时应换用较小的量程。

（3）如何读数。显示屏上显示的数字加上挡位选择的单位就是它的读数。要注意的是：

1）在“200”挡时单位是“Ω”，在“2k～200k”挡时单位是“kΩ”，在“2M～2000M”挡时单位是

“MΩ”。

2）如果被测电阻值超出所选择量程的最大值，将显示过量程“1.”，应选择更高的量程；对于大于 1MΩ 或更高的电阻，要几秒钟后读数才能保证数据的准确。

3）当没有连接好时，例如开路情况，仪表显示为“1.”。

4）当检查被测线路的阻抗时，要保证移开被测线路中的所有电源，让所有电容放电。被测线路中，如有电源和储能元件，会影响线路阻抗测试的正确性。

5）数字万用表的 200MΩ 挡位，短路时有 10 个字（一个字折算为 0.1），测量一个电阻时，应从测量读数中减去这 10 个字。如测一个电阻时，显示为 101.0，应从 101.0 中减去 10 个字。被测元件的实际阻值为 100.0 即 100MΩ。

2. 直流电压的测量

（1）测量步骤。红表笔插入 VΩ孔 ，黑表笔插入 COM 孔 ，量程旋钮打到 V-的适当位置，读出显示屏上显示的数据，其实物图如图 2-22 所示。

（2）注意事项。把旋钮选到比估计值大的量程挡位，接着把表笔接电源或电池两端；保持接触稳定。数值可以直接从显示屏上读取，若显示为“1.”，则表明量程太小，那么就要加大量程后再测量。若在数值左边出现“-”，则表明表笔极性与实际电源极性相反，此时红表笔接的是负极。

3. 交流电压的测量

（1）测量步骤。红表笔插入 VΩ孔 ，黑表笔插入 COM 孔 ，量程旋钮打到 V~的适当位置，读出显示屏上显示的数据，其实物图如图 2-23 所示。

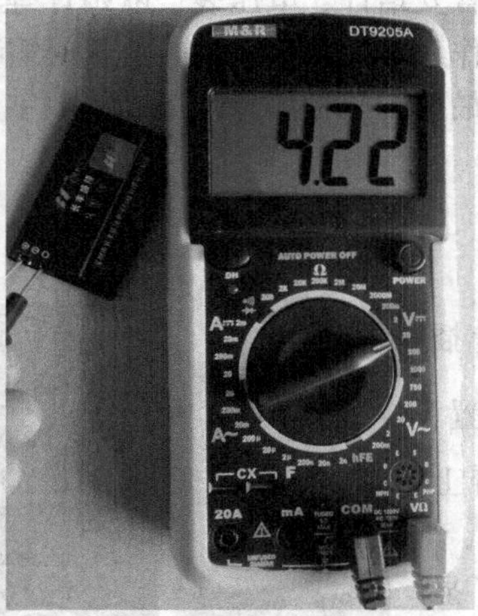

图 2-22 测量直流电压实物图

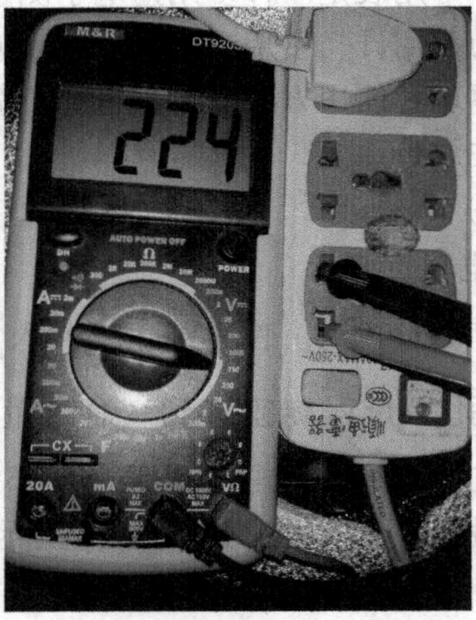

图 2-23 测量交流电压实物图

（2）注意事项。表笔插孔与直流电压的测量一样，不过应该将旋钮打到交流挡“V~”处所需的量程即可。交流电压无正负之分，测量方法跟前面相同。

4. 直流电流的测量

（1）测量步骤。断开电路，黑表笔插入 COM 孔 ，红表笔插入 mA 或者 20A 端口，功能旋转开关打至 A-（直流）挡，并选择合适的量程。断开被测线路，将数字万用表串联入被测线路中，被测线路中电流从一端流入红表笔，经数字万用表黑表笔流出，再流入被测线路中接通电路，读出 LCD 显示屏数字，其实物图如图 2-24 所示。

（2）注意事项。估计电路中电流的大小，若测量大于 200mA 的电流，则要将红表笔插入“10A”插孔并将旋钮打到直流“10A”挡；若测量小于 200mA 的电流，则将红表笔插入“200mA”插孔，将旋钮打到直流 200mA 以内的合适量程。

将万用表串进电路中，保持稳定，即可读数。若显示为“1.”，那么就要加大量程；如果在数值左边出现“-”，则表明电流从黑表笔流进万用表，应调转红、黑表笔的插孔。

5. 交流电流的测量

（1）测量步骤。断开电路，黑表笔插入 COM 孔，红表笔插入 mA 或者 20A 端口，功能旋转开关打至 A~（交流）挡，并选择合适的量程。断开被测线路，将数字万用表串联入被测线路中，被测线路中电流从一端流入红表笔，经数字万用表黑表笔流出，再流入被测线路中接通电路，读出 LCD 显示屏数字。

（2）注意事项。测量方法与直流相同，挡位应该打到交流挡位，电流测量完毕后应将红笔插回“VΩ”孔。如果使用前不知道被测电流范围，将功能开关置于最大量程并逐渐下降，如果显示器只显示“1.”，表示过量程，功能开关应置于更高量程。“200mA”插孔表示最大输入电流为 200mA，过量程的电流若烧坏数字万用表的熔丝，应更换；20A 量程无熔丝保护，测量时不能超过 15s。

6. 电容的测量

（1）测量步骤。将电容两端短接，对电容进行放电，确保数字万用表的安全。将功能旋转开关打至电容“F”测量挡，并选择合适的量程。将电容插入数字万用表 CX 插孔，其实物图如图 2-25 所示，读出 LCD 显示屏上数字。

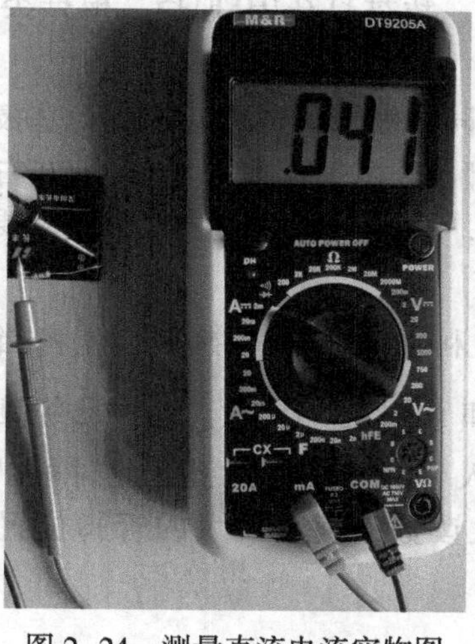

图 2-24　测量直流电流实物图

图 2-25　测量电容实物图

（2）注意事项。测量前电容需要放电，否则容易损坏万用表，测量后也要放电，避免埋下安全隐患，仪器本身已对电容挡位设置了保护，故在电容测试过程中不用考虑极性及电容充放电等情况。测量电容时，将电容插入专用的电容测试座中（不要插入表笔插孔 COM、

V/Ω)。测量大电容时，稳定读数需要一定的时间。电容的单位换算为 1μF = 10^6pF；1μF = 10^3nF。

7. 二极管的测量

(1) 测量步骤。红表笔插入VΩ孔 黑表笔插入COM孔。转盘打在（⊳|-）挡，判断正负，红表笔接二极管正极，黑表笔接二极管负极，其实物图如图 2-26 所示，读出 LCD 显示屏上数据。两表笔换位，若显示屏上为“1.”，则为正常；否则此管被击穿。

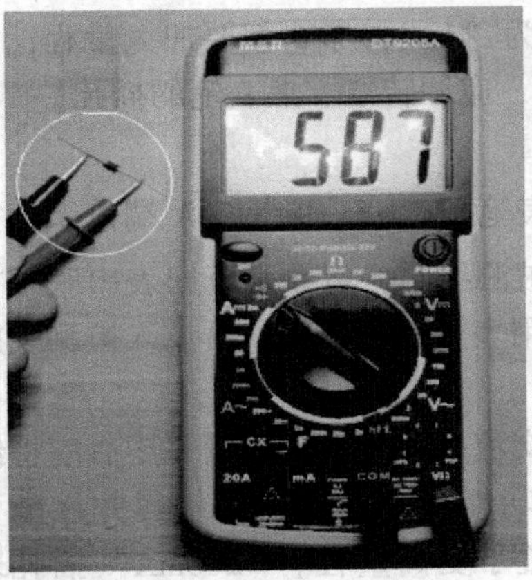

图 2-26　测量二极管实物图

(2) 二极管正负好坏判断。红表笔插入VΩ孔 黑表笔插入COM孔转盘打在（⊳|-）挡，然后颠倒表笔再测一次。测量结果有如下两种可能。

1）如果两次测量的结果一次显示“1.”字样，另一次显示零点几的数字。那么此二极管就是一个正常的二极管。

2）假如两次显示都相同的话，那么说明此二极管已经损坏。

LCD 上显示的一个数字即是二极管的正向压降，硅材料为 0.6V 左右；锗材料为 0.2V 左右。根据二极管的特性，可以判断此时红表笔接的是二极管的正极，而黑表笔接的是二极管的负极。

8. 三极管的测量

(1) 测量步骤。红表笔插入VΩ孔，黑表笔插入COM孔，转盘打在（⊳|-）挡，找出三极管的基极 b，判断三极管的类型（PNP 或者 NPN），转盘打在HFE挡，根据类型插入 PNP 或 NPN 插孔测 β，读出显示屏中 β 值。

(2) e、b、c 管脚的判定。表笔插位同上；其原理同二极管。先假定 A 脚为基极，用黑表笔与该脚相接，红表笔与其他两脚分别接触其他两脚；若两次读数均为 0.7V 左右，然后再用红表笔接 A 脚，黑笔接触其他两脚，若均显示“1.”，则 A 脚为基极，否则需要重新测量，且此管为 PNP 管。

那么集电极和发射极如何判断呢？操作人员可以利用HFE挡来判断：先将挡位打到HFE挡，可以看到挡位旁有一排小插孔，分为 PNP 和 NPN 管的测量。前面已经判断出管型，将基极插入对应管型“b”孔，其余两脚分别插入“c”和“e”孔，此时可以读取数值，即 β 值；再固定基极，其余两脚对调；比较两次读数，读数较大的管脚位置与表面“c”，“e”相对应。

(二) 数字万用表使用注意事项

(1) 如果无法预先估计被测电压或电流的大小，则应先拨至最高量程挡测量一次，再视情况逐渐把量程减小到合适位置。测量完毕，应将量程开关拨到最高电压挡并关闭电源。

(2) 满量程时，仪表仅在最高位显示数字“1.”，其他位均失，这时应选择更高的量程。

（3）测量电压时，应将数字万用表与被测电路并联；测量电流时，应与被测电路串联，测直流量时不必考虑正、负极性。

（4）当误用交流电压挡去测量直流电压，或者误用直流电压挡去测量交流电压时，显示屏将显示“000”，或出现低位上的数字跳动的情况。

（5）禁止在测量高电压（220V以上）或大电流（0.5A以上）时换量程，以防止产生电弧，烧毁开关触点。

（6）当数字万用表的电池电量即将耗尽时，液晶显示器左上角会出现电池电量低的提示符号，若仍进行测量，则测量值会比实际值偏高。

（7）无论测交流电压还是直流电压，都要注意人身安全，不要随便用手触摸表笔的金属部分。

二、相序表的使用方法

相序表可检测工业用电中出现的缺相、逆相、三相电压不平衡、过电压、欠电压等5种故障现象，并及时将用电设备断开，起保护作用。

相序表是一种专门测试电压相序的工具，通过它可以简单判断电压的相序，将相序表的黄绿红三个夹子加在表尾的1、2、3上，指针顺时针旋转则为正相序，指针逆时针旋转则为逆相序；在三相三线的时候，如果存在$\sqrt{3}$倍的线电压，则所测到的相序与实际相序相反。

1. 操作

（1）接线。将相序表三根表笔线A（红色，R）、B（蓝色，S）、C（黑色，T）分别对应接到被测电源的A（R）、B（S）、C（T）三根线上。

（2）测量。按下仪表左上角的测量按钮，灯亮即开始测量；松开测量按钮时，停止测量。

（3）缺相指示。面板上的A、B、C三个红色发光二极管分别指示对应的三相来电。当被测源缺相时，对应的发光管不亮。

（4）相序指示。当被测源三相相序正确时，与正相序所对应的绿灯亮，当被测源三相相序错误时，与逆相序所对应的红灯亮，蜂鸣器发出报警声。

2. 注意事项

（1）当三相输入线有任意一条接电时，表内即带电。打开机壳前，请务必切断电源。

（2）直接由被测电源供电，不需要电池。

（3）具有缺相指示功能。面板上的A、B、C三个红色发光二极管分别指示对应的三相来电，当被测源缺相时，对应的发光管不亮。

（4）采用声光相序指示。当被测源三相相序正确时，与正相序所对应的绿灯亮；当被测源三相相序错误时，与逆相序所对应的红灯亮，并且蜂鸣器发出报警声。

（5）正相序表示U_{A0}、U_{B0}、U_{C0}（或U_{AB}、U_{BC}、U_{CA}）依次滞后120°；逆相序表示U_{A0}、U_{B0}、U_{C0}（或U_{AB}、U_{BC}、U_{CA}）依次超前120°。

（6）要使逆相序变为正相序，只要交换A、B、C三根线中任意两根线即可。

三、数字双钳相位伏安表的使用方法

数字双钳相位伏安表是一种具有多种电量测量功能的便携式仪表。该表最大的特点是可以测量两路电压之间、两路电流之间及电压与电流之间的相位和工频频率。

相位伏安表种类繁多，现介绍一种传统的相位伏安表的用法：测量电压之间的相位时，

将挡位打到 U_1U_2 挡位，将相位表的 U_1 高端接到表尾 U_1 上，将相位表 U_2 高端接到表尾 U_2 上，将 U_1U_2 低端接到零线上（三相三线时接到 B 上）；测量电压电流的相位时，将挡位打到 ϕ 上，测量 U_1I_1 时，将电压加到 U_1 上，电流钳表按电流流进的方向卡在电流进线上，测得角度即为 U_1I_1 的角度；其他电压电流角度的测量方法同 U_1I_1 的测量。

数字双钳相位伏安表除了能够直接测量交流电压值、交流电流值、两电压之间、两电流之间及电压、电流之间的相位和工频频率外，还具有其他测量判断功能。

(1) 感性电路、容性电路的判定。将被测电路的电压从 U_1 端输入、电流经卡钳（钳形电流互感器）从 I_2 插孔输入，测量其相位。若测得相位小于 90°，则电路为感性；若测得的相位大于 270°，则电路为容性。

(2) 三相电压相序的测量。将 U_{AB}（或 U_{A0}）电压从 U_1 端输入，U_{BC}（或 U_{B0}）电压从 U_2 端输入，测量其相位角 ϕ。若 $\phi=120°$，则为正相序；若 $\phi=240°$，则为负相序。

(3) 检查变压器的接线组别。我国电力变压器采用 Y/Y0-12，Y0/d-11，Y/d-11 三种接线组别。当采用 Y/Y0-12 接法时，U_{AB} 与 U_{ab} 同相，测量其相位角为 0°或 360°；当采用 Y0/d-11 或 Y/d-11 接法时，U_{ab} 与 U_{AB} 间相位角为 30°，即 U_{ab} 超前 U_{AB} 相位 30°（脚标 A、B 表示高压绕组端；a、b 表示低压绕组端；0 表示有中线连接）。

(4) 三相二元件有功电能表接线正确性判断。考虑到电流的进出和三相电压相序的不同，三相二元件有功电能表的七条接入线有 48 种组合，这 48 种组合中只有两种是正确的，其余 46 种是错误的。使用本仪表能方便地读测相位关系，判断出两种正确的接线。判断方法为：测取 U_{AB} 与 I_A 相位角为 ϕ_1，U_{CB} 与 I_C 相位角为 ϕ_2，$\phi_1-\phi_2=\pm300°$。

(5) 估计判断电能表运行的快慢。在现场，根据下式来计算理论时间，测定运行中的电能表是快还是慢。

$$T=3600n/NP$$

式中 P——测定时加于电能表的功率，kW，$P=UI\cos\phi$；

N——电能表的常数，rad/kWh；

n——计算理论时间所取的转数；

T——理论时间，s。

电能表快慢由 $T-t$ 确定。t 为电能表转 n 转时，实际所用的时间。

四、钳形电流表的使用

钳形电流表是由电流互感器和电流表组合而成的。电流互感器的铁芯在捏紧扳手时可以张开，这样被测电流所通过的导线不必切断就可穿过铁芯张开的缺口，当放开扳手后铁芯闭合。

1. 钳形电流表的使用方法

(1) 正确选择钳形电流表的电压等级，检查其外观绝缘是否良好，有无破损，指针是否摆动灵活，钳口有无锈蚀等。根据用电设备功率估计额定电流，以选择表的量程。

(2) 在使用钳形电流表前应仔细阅读说明书，弄清楚该表是交流还是交直流两用钳形表。

(3) 由于钳形电流表本身精度较低，在测量小电流时，采用的方法为：先将被测电路的导线绕几圈，再放进钳形电流表的钳口内进行测量。此时钳形电流表所指示的电流值并非被测量的实际值，实际电流值应是钳形电流表的读数除以导线缠绕的圈数。

（4）钳形电流表钳口在测量时闭合要紧密，闭合后如有杂音，可打开钳口重装一次，若杂音仍不能消除，应检查磁路上各接合面是否光洁，若有尘污，要擦拭干净。

（5）钳形电流表每次只能测量一相导线的电流，被测导线应置于钳形窗口中央，不可以将多相导线都夹入窗口测量。

（6）被测电路电压不能超过钳形电流表上所标明的数值，否则容易造成接地事故，或者引起触电危险。

（7）测量运行中笼形异步电动机工作电流。根据电流大小，可以检查判断电动机工作情况是否正常，以保证电动机安全运行，延长使用寿命。

（8）测量时，可以每相测一次，也可以三相测一次，此时表上数字应为零（因三相电流相量和为零），当钳口内有两根相线时，表上显示数值为第三相的电流值，通过测量各相电流可以判断电动机是否有过负荷现象（所测电流超过额定电流值），电动机内部或电源电压是否有问题（把其他形式的能转换成电能的装置叫作电源），即三相电流不平衡是否超过10%的限度。

2. 使用钳形电流表的注意事项

（1）在高压回路上测量时，禁止用导线从钳形电流表另接表计测量。测量高压电缆各相电流时，电缆头线间距离应在300mm以上，且绝缘良好，待认为测量方便时，方能进行。

（2）观测表计时，要特别注意保持头部与带电部分的安全距离，人体任何部分与带电体的距离不得小于钳形电流表的整个长度。

（3）测量低压熔断器或水平排列低压母线电流时，应在测量前将各相熔丝或母线用绝缘材料加以保护隔离，以免引起相间短路。

（4）使用高压钳形电流表时应注意钳形电流表的电压等级，严禁用低压钳形电流表测量高电压回路的电流。用高压钳形电流表测量时，应由两人操作，非值班人员测量还应填写第二种工作票；测量时应戴绝缘手套，站在绝缘垫上，不得触及其他设备，以防止短路或接地事故发生。

（5）钳形电流表测量结束后把开关拨至最大量程挡位，以免下次使用时不慎过流，并应保存在干燥的室内。

（6）当电缆有一相接地时，严禁测量。防止出现因电缆头的绝缘水平低发生对地击穿爆炸而危及人身安全。

在具体的工作过程中所选用的测量设备较多，基本都可以满足对各种电能计量装置的测量及相应的判断。如单相电能表的测量可以由万用表单独完成对相应测量参数及接线情况的分析，也可通过相位伏安表完成基本的电压、电流的测量及对相应接线情况进行分析。如三相四线有功电能表可以通过万用表测量电压、电流，再通过相位伏安表测量电压、电流间的相位角；也可以通过钳形电流表测量电流，再通过相位伏安表测量电压及电压、电流相位角。通过各种测量仪器均可对单相、三相四线、三相三线有功电能表进行参数测量以及详细分析。但在具体工作过程中，一般选用最简便的测量设备或者由较完善的设备测量，节省设备投入并提升工作效率。最终，选择最合适的设备进行测量参数，并通过测量参数进行分析及判断接线情况。

课后习题

1. 打开计算机软件，如果主界面左下角出现“不能打开串口”的文字提示，其原因有哪些？

2. 模拟仿真接线界面需要操作人员设置的左下角部分中，“电流”应该根据什么来进行设置？

3. 模拟仿真接线界面需要操作人员设置的左下角部分中，“电压”应该根据什么来进行设置？

4. 实训过程中，按下故障恢复按钮后，相应的指示灯会亮起。操作结束后，如何使指示灯熄灭？

5. 在设置完功率因数和接线选择栏以后，单击接线组合查询K按钮，会弹出一个组合接线选择的界面，之前的哪项设置会导致弹出的组合接线界面不同？

6. 实训考核时，如果计时结束，系统会做出“×面，结束”的语音提示。此时，实训人员是否可继续进行排查操作？

7. 仿真系统是否需要首先升起第 A 仿真面的电压、电流，然后才可以自由选择升起第 B 仿真面或第 C 仿真面的电压、电流？

第三章　三相三线电能计量装置常见单一故障的排查

三相三线电能计量装置的常见故障类型一般有表尾电压相序错误、表尾电流相序错误、电压互感器故障和电流互感器故障。

与仿真接线系统的软件相结合，把这些类型的故障分为表尾电压接线、PT 一次断相、PT 接线方式、CT 接线方式、表尾电流进出反接和电流错接相 6 部分。本章将详细介绍各种故障的测量及分析方法，需要注意的是：本章中所提到的故障测量及分析方法适用于单一故障，即除了装置当前所分析的特定故障外，其余接线正常，有不同现象时，说明存在其他故障。

为了便于分析和计算，本书把电能表表尾黄色的电压线标记为 U_1（即正确接线时的 U_a），电能表表尾绿色的电压线标记为 U_2（即正确接线时的 U_b），电能表表尾红色的电压线标记为 U_3（即正确接线时的 U_c）。那么，三相三线电能表中的 1 元件，其电压值用线电压 U_{12}表示；三相三线电能表中的 3 元件，其电压值用线电压 U_{32}表示。由于仿真装置设计时考虑运行中可以自行选择三相三线或三相四线的电能表，为了与三相四线电能表三个元件加以区分，在测量时，把三相三线电能表中的 2 元件称为绿色端子，数值正常记录，其电压值用线电压 U_{13}表示，电流值可以通过测量 1 和 3 元件的电流，相加后得到，由于测量不方便，所以一般不做测量。

第一节　表尾电压接线

表尾电压接线在这里的含义是：电源接入三相电能表表尾的具体电压相序。所以表尾电压接线这一类型接线方式的判断，主要通过测量电能表表尾电压之间的相位角以及找出 B 相来共同确定。

相序正常时的电压相量图如图 3－1 所示。直接测量线电压之间的夹角，如果电压是正序，那么夹角应该接近于 300°；如果电压是负序，那么夹角就应该接近于 60°。这点通过相量图也可以看出——在正确接线的状态下，$\dot{U}_{ab}$超前$\dot{U}_{cb}$的角度为 300°。在实际操作中，操作人员通常不直接测量电压与电压之间的夹角，而是通过测量两组电压与同一组电流的夹角后，将两个值做差，通过计算得到线电压之间的夹角。经过分析，可以得到一个结论：通过电能表表尾电压之间夹角的测量，可以判断出电压是正序还是负序，这时，只要再确定三相中某一相的电压相别，实际三相电能表电压的相序就可以确定下来了。

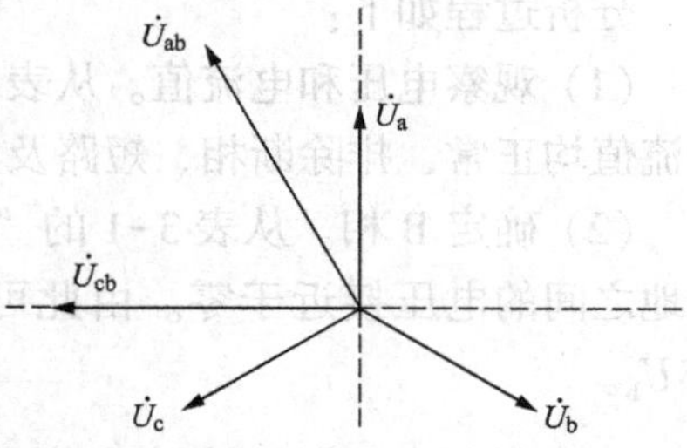

图 3－1　正确相序时的电压相量图

分别测量 U_1、U_2、U_3电压接线端子与接地螺栓之间的电压，当电压显示为“0”时，就可以确定此相为三相三线电能表实际接线中的 B 相。

达成上述共识后，可以确定下来，需要测量的数据有以下三部分：

（1）电压值：U_{12}、U_{32}、U_3；U_1—对地电压、U_2—对地电压、U_3—对地电压。

（2）电流值：I_1、I_2。

（3）相位角：$\phi_{U_{12}I_1}$、$\phi_{U_{32}I_1}$、$\phi_{U_{12}I_3}$、$\phi_{U_{32}I_3}$。

判断电压正、负序的夹角

$$\psi = U_{12}\hat{}U_{32} = \phi_{U_{12}I_1} - \phi_{U_{32}I_1}$$

或

$$\psi = U_{12}\hat{}U_{32} = \phi_{U_{12}I_3} - \phi_{U_{32}I_3}$$

如计算出的相位角出现负值，则加360°转换成正值。若相位角是60°则为逆相序；若相位角是300°则为正相序。

表尾电压接线的方式有6种，分别为abc、bca、cab、acb、bac、cba。下面将详细分析这6种表尾电压接线方式。

一、表尾电压接线方式为abc

为了配合测量，对仿真装置设置如下：电流为1.5A，ϕ为15°，负载性质是L（感性）。

把上述需要测量的结果统计到一个表格里，表格模板详见附录A。这种表格专门用于记录测量结果，简单清晰，在测量后可直接填写数据，便于进行数据的统计、分析和表述。测量结果如表3-1所示。

表3-1 表尾电压接线方式为abc时数据统计表

测量数据			
项目	1元件	绿色端子	3元件
电压	99.4V	99.3V	99.9V
电流	1.49A	—	1.48A
对地电压	99.4V	0.0V	99.9V
相位角	$\phi_{U_{12}I_1}=44.6°$，$\phi_{U_{32}I_1}=104.5°$ $\phi_{U_{12}I_3}=284.3°$，$\phi_{U_{32}I_3}=344.4°$		

分析过程如下：

（1）观察电压和电流值。从表3-1的“电压”“电流”栏中的显示值可以看出，电压和电流值均正常，排除断相、短路及PT二次侧极性反接的故障。

（2）确定B相。从表3-1的“对地电压”数据栏的测量值可以看出，只有绿色端子与大地之间的电压接近于零。由此可以判断出：此绿色端子处就是B相，即U_2为实际接线的U_b。

（3）判断电压的正负序。由于$\psi = U_{12}\hat{}U_{32} = \phi_{U_{12}I_1} - \phi_{U_{32}I_1}$，带入表中数据$\phi_{U_{12}I_1}=44.6°$，$\phi_{U_{32}I_1}=104.5°$，得出$\psi=-59.9°$，相位角出现负值，则加360°，转换成正值，$\psi=300.1°$，接近于300°，电压为正相序。

验证上述结论：$\psi = U_{12}\hat{}U_{32} = \phi_{U_{12}I_3} - \phi_{U_{32}I_3}$，带入表中数据$\phi_{U_{12}I_3}=284.3°$，$\phi_{U_{32}I_3}=344.4°$，得出$\psi=-60.1°$，加360°转换成正值，$\psi=299.9°$，接近于300°，电压为正相序。

经验证，电压为正相序的结论成立。

最终可以做出判断：此次三相三线电能表表尾电压的接线方式确定只有 abc 唯一一种。

二、表尾电压接线方式为 bca

对仿真装置设置如下：电流为 1.5A，ϕ 为 15°，负载性质是 L（感性）。

测量结果如表 3-2 所示。

表 3-2　　表尾电压接线方式为 bca 时数据统计表

项目	测量数据		
	1 元件	绿色端子	3 元件
电压	99.9V	99.3V	99.3V
电流	1.49A	—	1.48A
对地电压	0.0V	99.9V	99.3V
相位角	$\phi_{U_{12}I_1}=284.7°$，$\phi_{U_{32}I_1}=344.4°$		
	$\phi_{U_{12}I_3}=164.4°$，$\phi_{U_{32}I_3}=224.1°$		

分析过程如下：

（1）观察电压和电流值。从表 3-2 的"电压""电流"栏中的显示值可以看出，电压和电流值均正常，排除断相、短路及 PT 二次侧极性反接的故障。

（2）确定 B 相。从表 3-2 的"对地电压"数据栏的测量值可以看出，只有 1 元件与大地之间的电压接近于零。由此可以判断出：此 1 元件处就是 B 相，即 U_1 为实际接线的 U_b。

（3）判断电压的正负序。由于 $\psi=U_{12}\hat{}U_{32}=\phi_{U_{12}I_1}-\phi_{U_{32}I_1}$，带入表中数据 $\phi_{U_{12}I_1}=284.7°$，$\phi_{U_{32}I_1}=344.4°$，得出 $\psi=-59.7°$，相位角出现负值，则加 360°，转换成正值，$\psi=300.3°$，接近于 300°，电压为正相序。

验证上述结论：$\psi=U_{12}\hat{}U_{32}=\phi_{U_{12}I_3}-\phi_{U_{32}I_3}$，带入表中数据 $\phi_{U_{12}I_3}=164.4°$，$\phi_{U_{32}I_3}=224.1°$，得出 $\psi=-59.7°$，加 360°，转换成正值，$\psi=300.3°$，接近于 300°，电压为正相序。

经验证，电压为正相序的结论成立。

最终可以做出判断：此次三相三线电能表表尾电压的接线方式确定只有 bca 唯一一种。

三、表尾电压接线方式为 cab

对仿真装置设置如下：电流为 1.5A，ϕ 为 15°，负载性质是 L（感性）。

测量结果如表 3-3 所示。

表 3-3　　表尾电压接线方式为 cab 时数据统计表

项目	测量数据		
	1 元件	绿色端子	3 元件
电压	99.3V	99.9V	99.3V
电流	1.49A	—	1.48A
对地电压	99.6V	99.3V	0.0V
相位角	$\phi_{U_{12}I_1}=164.4°$，$\phi_{U_{32}I_1}=224.7°$		
	$\phi_{U_{12}I_3}=44.1°$，$\phi_{U_{32}I_3}=104.5°$		

分析过程如下：

(1) 观察电压和电流值。从表 3-3 的“电压”“电流”栏中的显示值可以看出，电压和电流值均正常，排除断相、短路及 PT 二次侧极性反接的故障。

(2) 确定 B 相。从表 3-3 的“对地电压”数据栏的测量值可以看出，只有 3 元件与大地之间的电压接近于零。由此可以判断出：此 3 元件处就是 B 相，即 U_3为实际接线的 U_b。

(3) 判断电压的正负序。由于 $\psi=U_{12}\hat{}U_{32}=\phi_{U_{12}I_1}-\phi_{U_{32}I_1}$，带入表中数据 $\phi_{U_{12}I_1}=164.4°$，$\phi_{U_{32}I_1}=224.7°$，得出 $\psi=-60.3°$，相位角出现负值，则加 360°，转换成正值，$\psi=299.7°$，接近于 300°，电压为正相序。

验证上述结论：$\psi=U_{12}\hat{}U_{32}=\phi_{U_{12}I_3}-\phi_{U_{32}I_3}$，带入表中数据 $\phi_{U_{12}I_3}=44.1°$，$\phi_{U_{32}I_3}=104.5°$，得出 $\psi=-60.4°$，加 360°，转换成正值，$\psi=299.6°$，接近于 300°，电压为正相序。

经验证，电压为正相序的结论成立。

最终可以做出判断：此次三相三线电能表表尾电压的接线方式确定只有 cab 唯一一种。

四、表尾电压接线方式为 acb

对仿真装置设置如下：电流为 1.5A，ϕ 为 15°，负载性质是 L（感性）。

测量结果如表 3-4 所示。

表 3-4　　表尾电压接线 acb 时数据统计表

测量数据			
项目	1 元件	绿色端子	3 元件
电压	99.3V	99.3V	99.3V
电流	1.49A		1.48A
对地电压	99.3V	99.9V	0.0V
相位角	$\phi_{U_{12}I_1}=344.4°$，$\phi_{U_{32}I_1}=284.7°$		
	$\phi_{U_{12}I_3}=224.1°$，$\phi_{U_{32}I_3}=164.4°$		

分析过程如下：

(1) 观察电压和电流值。从表 3-4 的“电压”“电流”栏中的显示值可以看出，电压和电流值均正常，排除断相、短路及 PT 二次侧极性反接的故障。

(2) 确定 B 相。从表 3-4 的“对地电压”数据栏的测量值可以看出，只有 3 元件与大地之间的电压接近于零。由此可以判断出：此 3 元件处就是 B 相，即 U_3为实际接线的 U_b。

(3) 判断电压的正负序。由于 $\psi=U_{12}\hat{}U_{32}=\phi_{U_{12}I_1}-\phi_{U_{32}I_1}$，带入表中数据 $\phi_{U_{12}I_1}=344.4°$，$\phi_{U_{32}I_1}=284.7°$，得出 $\psi=59.7°$，接近于 60°，电压为负相序。

验证上述结论：$\psi=U_{12}\hat{}U_{32}=\phi_{U_{12}I_3}-\phi_{U_{32}I_3}$，带入表中数据 $\phi_{U_{12}I_3}=224.1°$，$\phi_{U_{32}I_3}=164.4°$，得出 $\psi=59.7°$，接近于 60°，电压为负相序。

经验证，电压为负相序的结论成立。

最终可以做出判断：此次三相三线电能表表尾电压的接线方式确定只有 acb 唯一一种。

五、表尾电压接线方式为 bac

对仿真装置设置如下：电流为 1.5A，ϕ 为 15°，负载性质是 L（感性）。

测量结果如表 3-5 所示。

表 3-5　　表尾电压接线方式为 bac 时数据统计表

项目	测量数据		
	1 元件	绿色端子	3 元件
电压	99.3V	99.9V	99.3V
电流	1.49A	—	1.48A
对地电压	0.0V	99.3V	99.9V
相位角	$\phi_{U_{12}I_1}=224.8°$，$\phi_{U_{32}I_1}=164.4°$		
	$\phi_{U_{12}I_3}=104.5°$，$\phi_{U_{32}I_3}=44.1°$		

分析过程如下：

(1) 观察电压和电流值。从表 3-5 的“电压”“电流”栏中的显示值可以看出，电压和电流值均正常，排除断相、短路及 PT 二次侧极性反接的故障。

(2) 确定 B 相。从表 3-5 的“对地电压”数据栏的测量值可以看出，只有 1 元件与大地之间的电压接近于零。由此可以判断出：此 1 元件处就是 B 相，即 U_1为实际接线的 U_b。

(3) 判断电压的正负序。由于 $\psi=U_{12}\hat{}U_{32}=\phi_{U_{12}I_1}-\phi_{U_{32}I_1}$，带入表中数据 $\phi_{U_{12}I_1}=224.8°$，$\phi_{U_{32}I_1}=164.4°$，得出 $\psi=60.4°$，接近于 60°，电压为负相序。

验证上述结论：$\psi=U_{12}\hat{}U_{32}=\phi_{U_{12}I_3}-\phi_{U_{32}I_3}$，带入表中数据 $\phi_{U_{12}I_3}=104.5°$，$\phi_{U_{32}I_3}=44.1°$，得出 $\psi=60.4°$，接近于 60°，电压为负相序。

经验证，电压为负相序的结论成立。

最终可以做出判断：此次三相三线电能表表尾电压的接线方式确定只有 bac 唯一一种。

六、表尾电压接线方式为 cba

对仿真装置设置如下：电流为 1.5A，ϕ 为 15°，负载性质是 L（感性）。

测量结果如表 3-6 所示。

表 3-6　　表尾电压接线方式为 cba 时数据统计表

项目	测量数据		
	1 元件	绿色端子	3 元件
电压	99.9V	99.3V	99.3V
电流	1.49A	—	1.48A
对地电压	99.9V	0.0V	99.3V
相位角	$\phi_{U_{12}I_1}=104.6°$，$\phi_{U_{32}I_1}=44.5°$		
	$\phi_{U_{12}I_3}=344.4°$，$\phi_{U_{32}I_3}=284.3°$		

分析过程如下：

(1) 观察电压和电流值。从表 3-6 的“电压”“电流”栏中的显示值可以看出，电压和电流值均正常，排除断相、短路及 PT 二次侧极性反接的故障。

(2) 确定 B 相。从表 3-6 的“对地电压”数据栏的测量值可以看出，只有绿色端子与大地之间的电压接近于零。由此可以判断出，此绿色端子处就是 B 相，即 U_2为实际接线的 U_b。

(3) 判断电压的正负序。由于 $\psi=\hat{U_{12}U_{32}}=\phi_{U_{12}I_1}-\phi_{U_{32}I_1}$，带入表中数据 $\phi_{U_{12}I_1}=104.6°$，$\phi_{U_{32}I_1}=44.5°$，得出 $\psi=60.1°$，接近于 60°，电压为负相序。

验证上述结论：$\psi=\hat{U_{12}U_{32}}=\phi_{U_{12}I_3}-\phi_{U_{32}I_3}$，带入表中数据 $\phi_{U_{12}I_3}=344.4°$，$\phi_{U_{32}I_3}=284.3°$，得出 $\psi=60.1°$，接近于 60°，电压为负相序。

经验证，电压为负相序的结论成立。

最终可以做出判断：此次三相三线电能表表尾电压的接线方式确定只有 cba 唯一一种。

第二节　PT 一 次 断 相

PT 一次断相在这里的含义是：经电压互感器接入电能表的仿真接线装置，电压互感器线路出现故障，一次侧电压断线。电压互感器一次侧断线，其二次电压值与互感器接线形式有关。以电压互感器二次侧空载为例进行分析，其他负载情况的理论分析结果详见附录 B。

正常情况下，电压互感器二次侧的线电压应该为 100V，即 $U_{ab}=U_{bc}=U_{ca}=100V$。如果一次侧出现断线故障，那么将对二次侧线电压的大小产生影响。所以 PT 一次断相这一类型接线方式的判断，主要是通过测量电能表表尾电压值的大小来确定的。

值得注意的是：WT-F24 型电能表接线智能仿真系统中，三个操作面是共享一个电压互感器一次侧的，所以无论是哪一个操作面，如果设置了 PT 一次断相这一类型接线方式，其余操作面即使没有设置这种故障，这种故障也依然存在。这容易造成实训人员的测试结果与仿真设备接线方式的起始设置不符的误判断。

而且 PT 一次断相这一类型的故障一旦设置完成，在系统开始运行后实训人员测量的过程中，不能通过软件操作恢复，这容易误导实训人员对其他接线方式的判断。例如，电流接线方式的判断一般是通过测量电压与电流之间相位角来确定的，而 PT 一次断相会导致二次电压的大小与相位发生变化，这就会影响对电流接线方式的判定。

一、PT 一次侧 A 相断线

对仿真装置设置如下：电流为 1.5A，ϕ 为 15°，负载性质是 L（感性）。

测量结果如表 3-7 所示。

表 3-7　PT 一次侧 A 相断线时数据统计表

测量数据			
项目	1 元件	绿色端子	3 元件
电压	0.0V	99.3V	99.9V
电流	1.49A	—	1.48A
对地电压	0.0V	0.0V	99.9V
相位角	$\phi_{U_{12}I_1}=98.4°$，$\phi_{U_{32}I_1}=104.7°$		
	$\phi_{U_{12}I_3}=338.1°$，$\phi_{U_{32}I_3}=344.3°$		

分析过程如下：

(1) 做出 PT 一次侧 A 相断线的原理接线图，如图 3-2 所示。

（2）通过原理接线图分析 A 相断线后，PT 二次电压的变化。

1）由于 PT 一次侧 B、C 绕组正常，那么二次绕组 b、c 之间存在感应电动势，所以 $U_{bc}=100V$。

2）由于 PT 一次侧 A 相断线，那么二次侧对应的绕组没有感应电动势，所以 $U_{ab}=0V$。

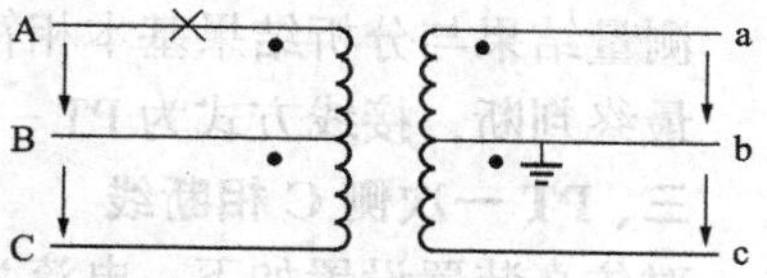

图 3-2　PT 一次侧 A 相断线的原理接线图

3）由于 $U_{ab}=0V$，那么 a、b 两点就是等电位点，ab 绕组如同一根导线，所以 $U_{bc}=U_{ca}=100V$。

（3）把分析的结果与表 3-7 中测量的结果对比。

1）测量结果：$U_{12}=0V$，$U_{13}=99.3V$，$U_{32}=99.9V$。

2）分析结果：$U_{ab}=0V$，$U_{ca}=100V$，$U_{bc}=100V$。

测量结果与分析结果基本相符合。

最终判断，接线方式为 PT 一次侧 A 相断线。

二、PT 一次侧 B 相断线

对仿真装置设置如下：电流为 1.5A，ϕ 为 15°，负载性质是 L（感性）。

测量结果如表 3-8 所示。

表 3-8　PT 一次侧 B 相断线时数据统计表

测量数据			
项目	1 元件	绿色端子	3 元件
电压	50.3V	99.3V	49.7V
电流	1.49A	—	1.48A
对地电压	50.3V	0.0V	49.7V
相位角	$\phi_{U_{12}I_1}=355.2°$，$\phi_{U_{32}I_1}=155.7°$		
	$\phi_{U_{12}I_3}=234.8°$，$\phi_{U_{32}I_3}=35.3°$		

分析过程如下：

（1）做出 PT 一次侧 B 相断线的原理接线图，如图 3-3 所示。

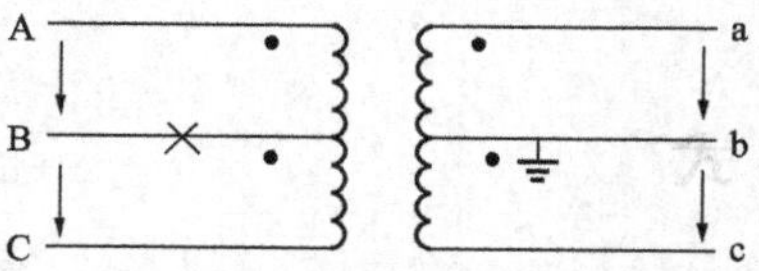

图 3-3　PT 一次侧 B 相断线的原理接线图

（2）通过原理接线图分析 B 相断线后，PT 二次电压的变化。

1）由于 PT 一次侧 A、C 绕组正常，那么二次绕组 a、c 之间存在感应电动势，所以 $U_{ca}=100V$。

2）由于 PT 一次侧 B 相断线，那么 b 点就类似于是一个抽头，$U_{ab}+U_{bc}=100V$，U_{ab} 与 U_{bc} 的大小与各自励磁绕组阻抗的大小成正比。

3）一般情况下，可以认为互感器的励磁绕组阻抗完全相等。那么 b 点就是一个中心抽头，所以 $U_{ab}=U_{bc}=50V$。

（3）把分析的结果与表 3-8 中测量的结果对比。

1）测量结果：$U_{12}=50.3V$，$U_{13}=99.3V$，$U_{32}=49.7V$。

2）分析结果：$U_{ab}=50V$，$U_{ca}=100V$，$U_{bc}=50V$。

测量结果与分析结果基本相符合。

最终判断，接线方式为 PT 一次侧 B 相断线。

三、PT 一次侧 C 相断线

对仿真装置设置如下：电流为 1.5A，ϕ 为 15°，负载性质是 L（感性）。测量结果如表 3-9 所示。

表 3-9　　PT 一次侧 C 相断线时数据统计表

测量数据			
项目	1 元件	绿色端子	3 元件
电压	99.2V	99.3V	0.0V
电流	1.49A	—	1.48A
对地电压	99.2V	0.0V	0.0V
相位角	$\phi_{U_{12}I_1}=44.6°$，$\phi_{U_{32}I_1}=40.5°$		
	$\phi_{U_{12}I_3}=284.3°$，$\phi_{U_{32}I_3}=280.2°$		

分析过程如下：

（1）做出 PT 一次侧 C 相断线的原理接线图，如图 3-4 所示。

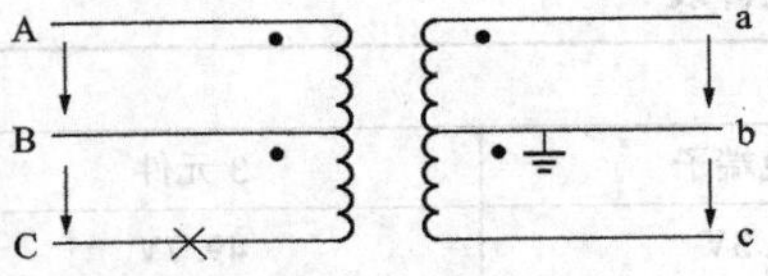

图 3-4　PT 一次侧 C 相断线的原理接线图

（2）通过原理接线图分析 C 相断线后，PT 二次电压的变化。

1）由于 PT 一次侧 A、B 绕组正常，那么二次绕组 a、b 之间存在感应电动势，所以 $U_{ab}=100V$。

2）由于 PT 一次侧 C 相断线，那么二次侧对应的绕组没有感应电动势，所以 $U_{bc}=0V$。

3）由于 $U_{bc}=0V$，b、c 两点是等电位点，bc 绕组如同一根导线，所以 $U_{ab}=U_{ca}=100V$。

（3）把分析的结果与表 3-9 中测量的结果对比。

1）测量结果：$U_{12}=99.2V$，$U_{13}=99.3V$，$U_{32}=0V$。

2）分析结果：$U_{ab}=100V$，$U_{ca}=100V$，$U_{bc}=0V$。

测量结果与分析结果基本相符合。

最终判断，接线方式为 PT 一次侧 C 相断线。

第三节　PT 接线方式

PT 接线方式在这里的含义是：经电压互感器接入电能表的仿真接线装置，电压互感器线路出现故障，二次电压出现改变，包含了 PT 二次断相和 PT 二次极性反接两大类型。

一、PT 二次断相

PT 二次断相在这里的含义是：电压互感器的二次电压出现断线。电压互感器二次侧断线，其二次电压值与互感器是否接入二次侧负载有关。

以电压互感器二次侧为一只有功电能表和一只无功电能表为例进行分析，其他负载情况的理论分析结果详见附录 B。

仿真接线系统中电压互感器二次侧接有负载，负载为一只三相三线有功电能表（接线方式为$\dot{U}_{ab}$和$\dot{U}_{cb}$）和一只三相三线无功电能表（接线方式为$\dot{U}_{bc}$和$\dot{U}_{ac}$），假设接入系统的两个电能表的电压线圈阻抗相等。正常情况下，电压互感器二次侧的线电压应该为100V，即$U_{ab}=U_{bc}=U_{ca}=100V$。如果二次侧出现断线故障，二次侧线电压的大小将发生变化。所以PT二次断相这一类型接线方式的判断，主要是通过测量电能表表尾电压值的大小来确定的。

值得注意的是：与PT一次断相这一类型接线方式不同，WT-F24型电能表接线智能仿真系统中，三个操作面的PT二次侧相互独立，无论哪个操作面设置了PT二次断相这一类型接线方式，不会对其余操作面产生影响。

而且PT二次断相这一类型的故障，在系统开始运行后实训人员测量的过程中，可以通过按下操作面板的故障恢复按钮来恢复。故障恢复按钮的操作有助于测试人员验证自己对PT二次断相结论的判断。按下操作面板的故障恢复按钮后，PT二次断相故障消失，实训人员可以进行下一步的操作，例如通过测量电压与电流之间相位角来确定电流接线方式等。

（一）PT二次侧a相断线

对仿真装置设置如下：电流为1.5A，ϕ为15°，负载性质是L（感性）。

测量结果如表3-10所示。

表3-10　PT二次侧a相断线时数据统计表

测量数据			
项目	1元件	绿色端子	3元件
电压	50.6V	49.8V	99.9V
电流	1.49A	—	1.48A
对地电压	50.6V	0.0V	99.9V
相位角	$\phi_{U_{12}I_1}=105.1°$，$\phi_{U_{32}I_1}=104.7°$ $\phi_{U_{12}I_3}=345.1°$，$\phi_{U_{32}I_3}=344.3°$		

分析过程如下：

（1）做出PT二次侧a相断线的原理接线图及等值电路图，如图3-5所示。

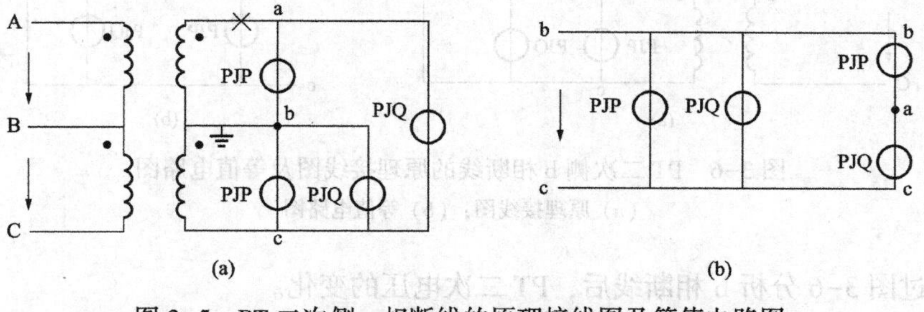

图3-5　PT二次侧a相断线的原理接线图及等值电路图

（a）原理接线图；（b）等值电路图

（2）通过图3-5分析a相断线后，PT二次电压的变化。

1）由于PT二次侧bc绕组正常，所以$U_{bc}=100V$。

2）由于PT二次侧a相断线，从等值电路图可以看出，a点就类似于是一个抽头，$U_{ab}+U_{ca}=100V$，U_{ab}与U_{ca}的大小与电能表电压线圈阻抗的大小成正比。

3）由于设定了阻抗相等，所以 $U_{ab}=U_{ca}=50V$。

（3）把分析的结果与表 3-10 中测量的结果对比。

1）测量结果：$U_{12}=50.6V$，$U_{13}=49.8V$，$U_{32}=99.9V$。

2）分析结果：$U_{ab}=50V$，$U_{ca}=50V$，$U_{bc}=100V$。

测量结果与分析结果基本符合。

还可以通过使用故障恢复按钮的方法对此结论进行验证。具体操作为：按下操作面板的故障恢复按钮（A 相电压断路恢复），再次测量表 3-10 中的电压，如果 $U_{12}\approx U_{13}\approx U_{32}\approx$ 100V，说明故障被恢复，可以判定原接线方式为 PT 二次侧 a 相断线。

（二）PT 二次侧 b 相断线

对仿真装置设置如下：电流为 1.5A，ϕ 为 15°，负载性质是 L（感性）。

测量结果如表 3-11 所示。

表 3-11　**PT 二次侧 b 相断线时数据统计表**

测量数据			
项目	1 元件	绿色端子	3 元件
电压	66.5	99.1V	33.1V
电流	1.49A	—	1.48A
对地电压	99.1V	0.0V	99.9V
相位角	$\phi_{U_{12}I_1}=343.8°$，$\phi_{U_{32}I_1}=163.6°$		
	$\phi_{U_{12}I_3}=223.8°$，$\phi_{U_{32}I_3}=43.8°$		

分析过程如下：

（1）做出 PT 二次侧 b 相断线的原理接线图及等值电路图，如图 3-6 所示。

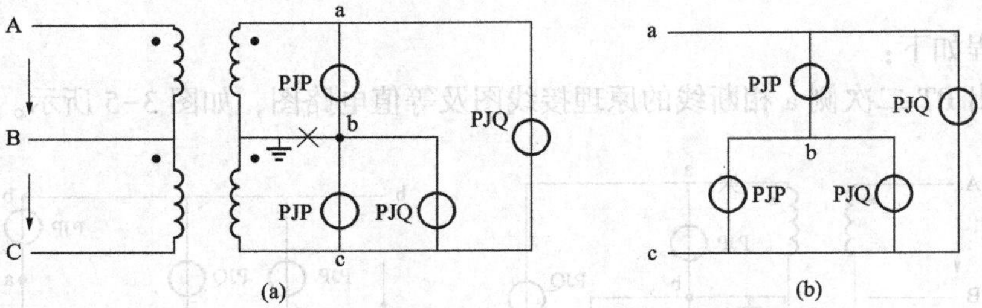

图 3-6　PT 二次侧 b 相断线的原理接线图及等值电路图

（a）原理接线图；（b）等值电路图

（2）通过图 3-6 分析 b 相断线后，PT 二次电压的变化。

1）由于 PT 二次侧 ac 绕组正常，所以 $U_{ca}=100V$。

2）由于 PT 二次侧 b 相断线，从等值电路图可以看出，b 点就类似于是一个抽头，$U_{ab}+U_{bc}=100V$，U_{ab} 与 U_{bc} 的大小与电能表电压线圈阻抗组合的大小有关。

3）按阻抗大小分配，所以 $U_{ab}=2/3U_{ca}=66.7V$，$U_{bc}=1/3U_{ca}=33.3V$。

（3）把分析的结果与表 3-11 中测量的结果对比。

1）测量结果：$U_{12}=66.5V$，$U_{13}=99.1V$，$U_{32}=33.1V$。

2）分析结果：$U_{ab}=66.7V$，$U_{ca}=100V$，$U_{bc}=33.3V$。

测量结果与分析结果基本符合。

最终判定：接线方式为 PT 二次侧 b 相断线。

（三）PT 二次侧 c 相断线

对仿真装置设置如下：电流为 1.5A，ϕ 为 15°，负载性质是 L（感性）。

测量结果如表 3-12 所示。

表 3-12　PT 二次侧 c 相断线时数据统计表

测量数据			
项目	1 元件	绿色端子	3 元件
电压	99.1V	66.1V	34.5V
电流	1.49A	—	1.48A
对地电压	99.1V	0.0V	34.5V
相位角	$\phi_{U_{12}I_1}=44.6°$，$\phi_{U_{32}I_1}=44.4°$		
	$\phi_{U_{12}I_3}=284.3°$，$\phi_{U_{32}I_3}=284.1°$		

分析过程如下：

（1）做出 PT 二次侧 c 相断线的原理接线图及等值电路图，如图 3-7 所示，图中的 PJP 表示有功电能表，PJQ 表示无功电能表。

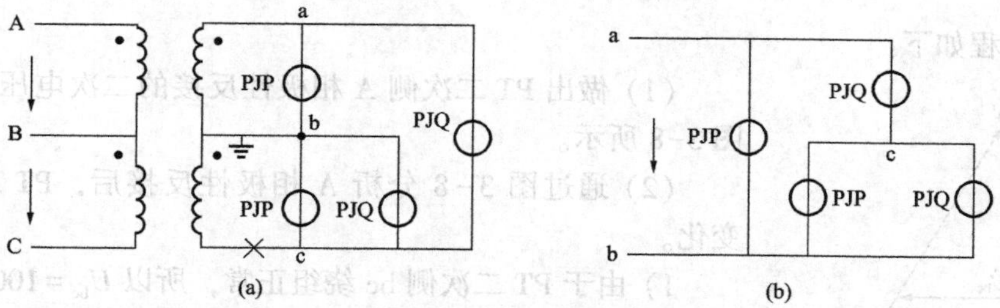

图 3-7　PT 二次侧 c 相断线的原理接线图及等值电路图

（a）原理接线图；（b）等值电路图

（2）通过图 3-7 分析 c 相断线后，PT 二次电压的变化。

1）由于 PT 二次侧 ab 绕组正常，所以 $U_{ab}=100V$。

2）由于 PT 二次侧 c 相断线，从等值电路图可以看出，c 点就类似于是一个抽头，$U_{bc}+U_{ca}=100V$，U_{bc}与 U_{ca}的大小与电能表电压线圈阻抗组合的大小有关。

3）按阻抗大小分配，所以 $U_{ca}=2/3U_{ab}=66.7V$，$U_{bc}=1/3U_{ab}=33.3V$。

（3）把分析的结果与表 3-12 中测量的结果对比。

1）测量结果：$U_{12}=99.1V$，$U_{13}=66.1V$，$U_{32}=34.5V$。

2）分析结果：$U_{ab}=100V$，$U_{ca}=66.7V$，$U_{bc}=33.3V$。

测量结果与分析结果基本符合。

最终判定：接线方式为 PT 二次侧 c 相断线。

二、PT 二次侧极性反接

PT 二次侧极性反接在这里的含义是：电压互感器的二次电压极性接反，A 相指的是二次侧 ab 绕组极性接反，C 相指的是二次侧 bc 绕组极性接反。

正常情况下，电压互感器二次侧的线电压应该为 100V，即 $U_{ab}=U_{bc}=U_{ca}=100V$。如果二次侧出现电压极性接反的故障，二次侧线电压的大小及相位均将发生变化。所以 PT 二次侧极性反接这一类型接线方式的判断，主要通过测量电能表表尾电压值的大小及与电流相位之间的夹角来共同确定。

（一）PT 二次侧 A 相极性反接

对仿真装置设置如下：电流为 1.5A，ϕ 为 15°，负载性质是 L（感性）。

测量结果如表 3-13 所示。

表 3-13 PT 二次侧 A 相极性反接时数据统计表

测量数据			
项目	1 元件	绿色端子	3 元件
电压	99.6V	172.8V	99.8V
电流	1.49A	—	1.48A
对地电压	99.6V	0.0V	99.8V
相位角	$\phi_{U_{12}I_1}=225.4°$，$\phi_{U_{32}I_1}=105.7°$		
	$\phi_{U_{12}I_3}=105.1°$，$\phi_{U_{32}I_3}=345.4°$		

分析过程如下：

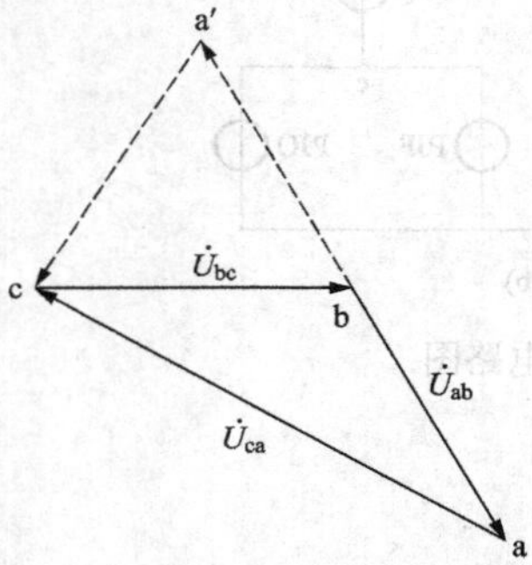

图 3-8 PT 二次侧 A 相极性反接的二次电压相量图

（1）做出 PT 二次侧 A 相极性反接的二次电压相量图，如图 3-8 所示。

（2）通过图 3-8 分析 A 相极性反接后，PT 二次电压的变化。

1）由于 PT 二次侧 bc 绕组正常，所以 $U_{bc}=100V$。

2）由于 PT 二次侧 ab 绕组极性反接，从相量图可以看出，$\dot{U}_{ab}$与正确接线时方向相反，即$\dot{U}_{ab}$与$\dot{I}_a$、$\dot{U}_{ab}$与$\dot{I}_c$的夹角均增大了 180°，但是电压值大小没变化，所以 $U_{ab}=100V$。

3）由于 PT 二次侧 ab 绕组极性反接，导致 ca 绕组电压大小变为原来的$\sqrt{3}$倍，即 $U_{ca}=173V$，且相位也发生了变化，相位的变化通过相位角的测量可以看出。

（3）把分析的结果与表 3-13 中测量的结果对比。

测量结果：$U_{12}=99.6V$，$U_{13}=172.8V$，$U_{32}=99.8V$，$\phi_{U_{12}I_1}=225.4°$，$\phi_{U_{12}I_3}=105.1°$。与分析结果基本符合。

最终判定：接线方式为 PT 二次侧 A 相极性反接。

（二）PT 二次侧 C 相极性反接

对仿真装置设置如下：电流为 1.5A，ϕ 为 15°，负载性质是 L（感性）。

测量结果如表 3-14 所示。

表 3-14　PT 二次侧 C 相极性反接时数据统计表

测量数据			
项目	1 元件	绿色端子	3 元件
电压	99.6V	172.8V	99.8V
电流	1.49A	—	1.48A
对地电压	99.6V	0.0V	99.8V
相位角	$\phi_{U_{12}I_1}=45.3°$，$\phi_{U_{32}I_1}=105.2°$		
	$\phi_{U_{12}I_3}=285.6°$，$\phi_{U_{32}I_3}=165.3°$		

分析过程如下：

(1) 做出 PT 二次侧 C 相极性反接的二次电压相量图，如图 3-9 所示。

(2) 通过图 3-9 分析 C 相极性反接后，PT 二次电压的变化。

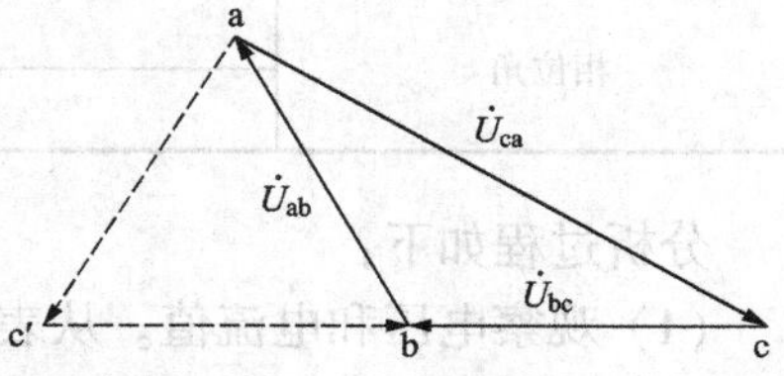

图 3-9　PT 二次侧 C 相极性反接的二次电压相量图

1) 由于 PT 二次侧 ab 绕组正常，所以 $U_{ab}=100V$。

2) 由于 PT 二次侧 bc 绕组极性反接，从相量图可以看出，$\dot{U}_{bc}$与正确接线时方向相反，即$\dot{U}_{cb}$与$\dot{I}_c$、$\dot{U}_{cb}$与$\dot{I}_a$的夹角均增大了 180°，但是电压值大小没变化，所以 $U_{bc}=100V$。

3) 由于 PT 二次侧 bc 绕组极性反接，导致 ca 绕组电压大小变为原来的$\sqrt{3}$倍，即 $U_{ca}=173V$，且相位也发生了变化，相位的变化通过相位角的测量可以看出。

(3) 把分析的结果与表 3-14 中测量的结果对比。

测量结果：$U_{12}=99.6V$，$U_{13}=172.8V$，$U_{32}=99.8V$，$\phi_{U_{32}I_3}=165.3°$，$\phi_{U_{32}I_1}=105.2°$。与分析结果基本符合。

最终判定：接线方式为 PT 二次侧 C 相极性反接。

第四节　CT 接线方式

CT 接线方式在这里的含义是：经电流互感器接入电能表的仿真接线装置，电流互感器线路出现故障，二次电流出现改变，包含了 CT 二次侧短路、CT 二次侧极性反接和 CT 二次侧开路。

一、CT 二次侧短路

CT 二次侧短路在这里的含义是：电流互感器的二次侧被短接。电流互感器二次侧短路将对流入电能表的负载电流值的大小产生影响，流入电能表的负载电流可以由操作者手动设置，一般设置的大小为 1~2A。理论上，如果电流互感器的二次侧被短接，二次电流应该变为 0。但是实际接线中，由于 I_b 的存在，导致即使电流互感器的二次侧被短接，A、C 两相仍存在电流，且大小为原来设置值的 50%左右。CT 二次侧短路这一类型接线方式的判断，主要通过测量电能表表尾电流值的大小来确定。

CT 二次侧短路这一类型的故障，在系统开始运行后实训人员测量的过程中，可以通过按下操作面板的故障恢复按钮来恢复。所以，实训人员在做出 CT 二次侧短路的判断后，可以通过故障恢复按钮的操作来验证自己的判断。

（一）CT 二次侧 A 相短路

对仿真装置设置如下：电流为 2A，ϕ 为 15°，负载性质是 L（感性）。

测量结果如表 3-15 所示。

表 3-15　CT 二次侧 A 相短路时数据统计表

测量数据			
项目	1 元件	绿色端子	3 元件
电压	99.4V	99.4V	99.9V
电流	1.05A	—	1.96A
对地电压	99.4V	0.0V	99.9V
相位角	$\phi_{U_{12}I_1}=104.1°$，$\phi_{U_{32}I_1}=164.1°$		
	$\phi_{U_{12}I_3}=284.6°$，$\phi_{U_{32}I_3}=344.5°$		

分析过程如下：

（1）观察电压和电流值。从表 3-15 的“电压”栏中的显示值可以看出，电压值正常，可以排除电压断相及 PT 二次侧极性反接故障。从表 3-15 的“电流”栏中的显示值可以看出，C 相的电流值正常，A 相电流值很小，但是接近于正常值的 50%。初步判定为 CT 二次侧 A 相短路。

（2）确定 A 相故障类型。判定方法是：按下操作面板的故障恢复按钮（A 相电流短路恢复），再次测量表 3-15 中的电流值，如果 $I_1 \approx I_3 \approx 2A$，说明故障被恢复了，可以判定原接线方式为 CT 二次侧 A 相短路；如果数据没有发生变化，则可以考虑原接线方式为 CT 二次侧 A 相开路或者测量仪表本身出现故障的推断。

最终，通过故障恢复按钮的操作及两次测量电流值，可以准确判定 CT 二次侧 A 相短路。

（二）CT 二次侧 C 相短路

对仿真装置设置如下：电流为 2A，ϕ 为 15°，负载性质是 L（感性）。

测量结果如表 3-16 所示。

表 3-16　CT 二次侧 C 相短路时数据统计表

测量数据			
项目	1 元件	绿色端子	3 元件
电压	99.4V	99.3V	99.9V
电流	2.00A	—	1.05A
对地电压	99.4V	0.0V	99.9V
相位角	$\phi_{U_{12}I_1}=44.7°$，$\phi_{U_{32}I_1}=104.6°$		
	$\phi_{U_{12}I_3}=225.4°$，$\phi_{U_{32}I_3}=285.3°$		

分析过程如下：

（1）观察电压和电流值。从表 3-16 的“电压”栏中的显示值可以看出，电压值正常，可以排除电压断相及 PT 二次侧极性反接故障。从表 3-16 的“电流”栏中的显示值可以看出，A 相的电流值正常，C 相电流值很小，但是接近于正常值的 50%。初步判定为 CT 二次侧 C 相短路。

(2) 确定 C 相故障类型。判定方法是按下操作面板的故障恢复按钮（C 相电流短路恢复），再次测量表 3-16 中的电流值，如果 $I_1 \approx I_3 \approx 2A$，说明故障被恢复了，可以判定原接线方式为 CT 二次侧 C 相短路；如果数据没有发生变化，则可以考虑原接线方式为 CT 二次侧 C 相开路或者测量仪表本身出现故障的推断。

最终，通过故障恢复按钮的操作及两次测量电流值，可以准确判定 CT 二次侧 C 相短路。

二、CT 二次侧极性反接

CT 二次侧极性反接在这里的含义是：电流互感器的二次电流极性接反。A 相指的是二次侧 a 相绕组极性接反，C 相指的是二次侧 c 相绕组极性接反。

正常情况下，通过电流互感器后流入电能表的负载电流可以由操作者手动设置，为了计算方便，在这里设置为 2A，即 $I_1 = I_3 = 2A$。如果二次侧出现电流极性接反的故障，表尾电流的大小及相位均将发生变化。所以，CT 二次侧极性反接这一类型接线方式的判断，主要通过测量电能表表尾电流值的大小及电流与电压相位之间的夹角来共同确定。

(一) CT 二次侧 A 相极性反接

对仿真装置设置如下：电流为 2A，ϕ 为 15°，负载性质是 L（感性）。

测量结果如表 3-17 所示。

表 3-17　　CT 二次侧 A 相极性反接时数据统计表

测量数据			
项目	1 元件	绿色端子	3 元件
电压	99.3V	99.2V	99.9V
电流	2.00A	3.42A	1.96A
对地电压	99.3V	0.0V	99.9V
相位角	$\phi_{U_{12}I_1} = 224.5°$，$\phi_{U_{32}I_1} = 284.4°$		
	$\phi_{U_{12}I_3} = 284.7°$，$\phi_{U_{32}I_3} = 344.6°$		

分析过程如下：

(1) 分析三相三线电路中各相电流之间的关系，根据基尔霍夫电流定律，得到三相电流相量和为零的结论，CT 二次侧 a 相极性反接，所以此时 a 相电流与原方向相反，CT 二次侧 A 相极性接反时二次电流相量图如图 3-10 所示。

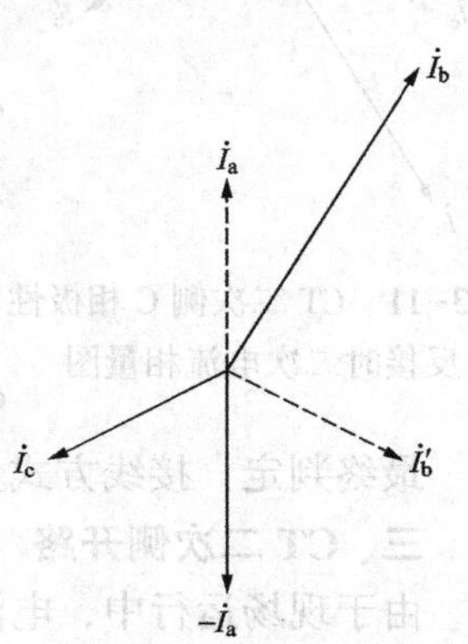

图 3-10　CT 二次侧 A 相极性反接时二次电流相量图

(2) 通过图 3-10 分析 A 相极性反接后，CT 二次电流的变化。

1) 由于 CT 二次侧 c 绕组正常，所以 $I_c = 2A$。

2) 由于 CT 二次侧 a 绕组极性反接，从相量图可以看出，电流$\dot{I}_a$与正确接线时方向相反，即$\dot{U}_{ab}$与$\dot{I}_a$、$\dot{U}_{cb}$与$\dot{I}_a$的夹角均增大了 180°，但是电流值的大小没有发生变化，所以 $I_a = 2A$。

3）由于 CT 二次侧 a 绕组极性反接，导致 b 相电流大小变为正常相的$\sqrt{3}$倍，即 I_b＝3.46A，且相位也发生了变化，相位的变化通过相位角的测量可以看出。

（3）把分析的结果与表 3-17 中测量的结果对比。

测量结果：$I_a=2A$，$I_b=3.42A$，$I_c=1.96A$，$\phi_{U_{12}I_1}=224.5°$，$\phi_{U_{32}I_1}=284.4°$。与分析结果基本相符合。

最终判定：接线方式为 CT 二次侧 A 相极性反接。

（二）CT 二次侧 C 相极性反接

对仿真装置设置如下：电流为 2A，ϕ 为 15°，负载性质是 L（感性）。

测量结果如表 3-18 所示。

表 3-18　　CT 二次侧 C 相极性反接时数据统计表

测量数据			
项目	1 元件	绿色端子	3 元件
电压	99.3V	99.3V	99.9V
电流	2.00A	3.42A	1.96A
对地电压	99.3V	0.2V	99.9V
相位角	$\phi_{U_{12}I_1}=44.5°$，$\phi_{U_{32}I_1}=104.4°$		
	$\phi_{U_{12}I_3}=104.6°$，$\phi_{U_{32}I_3}=164.5°$		

分析过程如下：

（1）分析三相三线电路中各相电流之间的关系，根据基尔霍夫电流定律，得到三相电流相量和为零的结论，CT 二次侧 c 相极性反接，所以此时 c 相电流与原方向相反，CT 二次侧 C 相极性反接时二次电流相量图如图 3-11 所示。

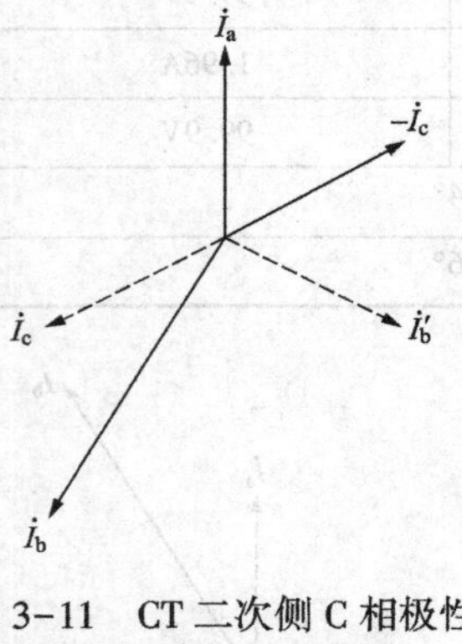

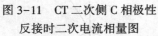

图 3-11　CT 二次侧 C 相极性反接时二次电流相量图

（2）通过图 3-11 分析 C 相极性反接后，CT 二次电流的变化。

1）由于 CT 二次侧 a 绕组正常，所以 $I_a=2A$。

2）由于 CT 二次侧 c 绕组极性反接，从相量图可以看出，电流 $\dot{I}_c$与正确接线时方向相反，即 $\dot{U}_{cb}$ 与 $\dot{I}_c$、$\dot{U}_{ab}$ 与 $\dot{I}_c$ 的夹角均增大了 180°，但是电流值的大小没有发生变化，所以 $I_c=2A$。

3）由于 CT 二次侧 c 绕组极性反接，导致 b 相电流大小变为正常相的$\sqrt{3}$倍，即 $I_b=3.46A$，且相位也发生了变化，相位的变化通过相位角的测量可以看出。

（3）把分析的结果与表 3-18 中测量的结果对比。

测量结果：$I_a=2A$，$I_b=3.42A$，$I_c=1.96A$，$\phi_{U_{12}I_3}=104.6°$，$\phi_{U_{32}I_3}=164.5°$。与分析结果基本相符合。

最终判定：接线方式为 CT 二次侧 C 相极性反接。

三、CT 二次侧开路

由于现场运行中，电流互感器二次绕组是不允许开路的，否则二次绕组会出现峰值达数千伏的高电压，危及人身安全、损坏仪表和设备的绝缘，而且二次绕组如果开路，那么一次电流就会全部用来励磁，会造成铁芯饱和发热甚至严重变形，损坏设备。所以在这里 CT 二次侧开路指的是通过软件模拟电流互感器二次侧断开的情况，这种情况不影响操作训练，也不会对系统与实训人员造成危害。

人为设置 CT 二次侧开路与系统在运行时由于意外情况而出现 CT 二次侧开路故障之间是有本质区别的，其区别在于：操作人员通过软件设置 CT 二次侧开路时，电源报警信息中相应电流相会出现红色示警，但是系统不会语音告警，也不会自动关闭电源；系统本身由于意外情况导致出现 CT 二次侧开路故障时，系统自动关闭电源，软件界面与之相关的某相或某几相的电流报警信息空白框内出现红色示警，同时装置的语音系统告警，提示具体故障的地点。

电流互感器二次侧开路将对流入电能表的负载电流值的大小产生影响。CT 二次侧开路这一类型接线方式的判断，主要通过测量电能表表尾电流值的大小来确定。

CT 二次侧开路这一类型的故障，在系统开始运行后实训人员测量的过程中，可以通过按下操作面板的故障恢复按钮来恢复。所以，实训人员在做出 CT 二次侧开路的判断后，可以通过故障恢复按钮的操作来验证自己的判断。

（一）CT 二次侧 A 相开路

对仿真装置设置如下：电流为 2A，ϕ 为 15°，负载性质是 L（感性）。

测量结果如表 3-19 所示。

表 3-19　CT 二次侧 A 相开路时数据统计表

测量数据			
项目	1 元件	绿色端子	3 元件
电压	99.3V	99.3V	99.9V
电流	0.0A	—	1.96A
对地电压	99.3V	0.0V	99.9V
相位角	$\phi_{U_{12}I_1}=0.0°$，$\phi_{U_{32}I_1}=0.0°$		
	$\phi_{U_{12}I_3}=284.8°$，$\phi_{U_{32}I_3}=344.7°$		

分析过程如下：

（1）观察电压和电流值。从表 3-19 的“电压”“电流”栏中的显示值可以看出，装置的电压和 C 相的电流值都是正常的，但是 A 相电流值为 0，初步判定为 CT 二次侧 A 相开路。

注意：如果操作人员选用测试电流的仪器准确度等级非常高的话，可能 A 相电流的测量结果不为 0，约 0.04A。

（2）确定 A 相故障类型。判定方法是按下操作面板的故障恢复按钮（A 相电流开路恢复），再次测量表 3-19 中的电流值，如果 $I_1\approx I_3\approx 2A$，说明故障被恢复了，可以判定原接线方式为 CT 二次侧 A 相开路。

最终，通过故障恢复按钮的操作及两次测量的电流值对比，可以准确判定 CT 二次侧 A 相开路。

（二）CT 二次侧 B 相开路

对仿真装置设置如下：电流为 2A，ϕ 为 15°，负载性质是 L（感性）。

测量结果如表 3-20 所示。

表 3-20 CT 二次侧 B 相开路时数据统计表

测量数据			
项目	1 元件	绿色端子	3 元件
电压	99.3V	99.3V	99.9V
电流	1.71A	—	1.71A
对地电压	99.3V	0.1V	99.9V
相位角	$\phi_{U_{12}I_1}=71.3°$，$\phi_{U_{32}I_1}=131.1°$		
	$\phi_{U_{12}I_3}=251.3°$，$\phi_{U_{32}I_3}=311.2°$		

分析过程如下：

（1）分析三相三线电路中 B 相断线时各相电流的变化。做出 B 相断线的等值电路图并忽略二次侧负载 Z_b 后化简，如图 3-12 所示。

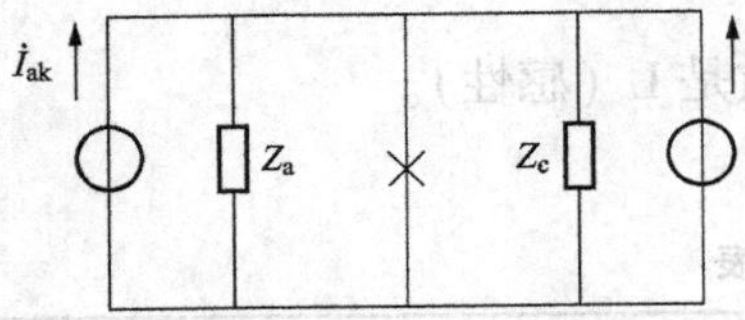

图 3-12 CT 二次侧 B 相开路后系统等值电路图

B 相断线后，流过 A 相的电流由 I_a 变为 I_{ak}，流过 C 相的电流由 I_c 变为 I_{ck}，设三相电路对称，根据叠加原理，可以得到

$$\dot{I}_{ak}=\frac{1}{2}(\dot{I}_a-\dot{I}_c)=\frac{\sqrt{3}}{2}\dot{I}_a e^{-j30°} \quad (3-1)$$

$$\dot{I}_{ck}=\frac{1}{2}(\dot{I}_c-\dot{I}_a)=\frac{\sqrt{3}}{2}\dot{I}_c e^{j30°} \quad (3-2)$$

从式（3-1）和式（3-2）可以看到，B 相断线后，A 相与 C 相的电流值大小均变为原来的 0.866 倍，电流的相位也发生了变化，B 相开路后二次电流相量图如图 3-13 所示。

（2）观察电压和电流值。从表 3-20 的“电压”“电流”栏中的显示值可以看出，电压值是正常，但是 A 相与 C 相的电流值均为 1.71A，接近于额定值的 0.866 倍。且 $\dot{U}_{ab}$ 与 A 相电流之间的相位角增大了 30°，$\dot{U}_{ab}$ 与 C 相电流之间的相位角减小了 30°，初步判定为 CT 二次侧 B 相开路。

（3）确定 B 相故障类型。判定方法是：按下操作面板的故障恢复按钮（B 相电流开路恢复），再次测量表 3-20 中的电流值，如果 $I_1 \approx I_3 \approx 2A$，且相应的相位角也变为正常值，说明故障被恢复了，可以判定原接线方式为 CT 二次侧 B 相开路。

最终，通过故障恢复按钮的操作及两次测量的电流值、相位角值对比，可以准确判定 CT 二次侧 B 相开路。

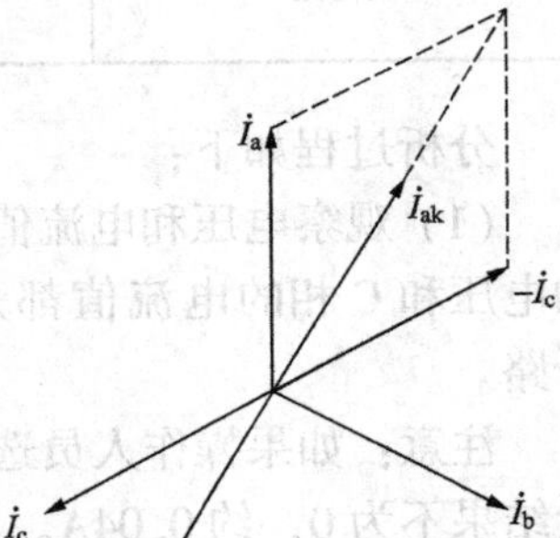

图 3-13 CT 二次侧 B 相开路后二次电流相量图

（三）CT 二次侧 C 相开路

对仿真装置设置如下：电流为 2A，ϕ 为 15°，负载性质是 L（感性）。

测量结果如表 3-21 所示。

表 3-21　　CT 二次侧 C 相开路时数据统计表

测量数据			
项目	1 元件	绿色端子	3 元件
电压	99.3V	99.3V	99.9V
电流	1.96A	—	0.00A
对地电压	99.3V	0.1V	99.9V
相位角	$\phi_{U_{12}I_1}=44.7°$，$\phi_{U_{32}I_1}=104.6°$		
	$\phi_{U_{12}I_3}=0.0°$，$\phi_{U_{32}I_3}=0.0°$		

分析过程如下：

（1）观察电压和电流值。从表 3-21 的“电压”“电流”栏中的显示值可以看出，装置的电压和 A 相的电流值都是正常的，但是 C 相电流值为 0，初步判定为 CT 二次侧 C 相开路。

注意：如果操作人员选用测试电流的仪器准确度等级非常高的话，可能 C 相电流的测量结果不为 0，约 0.04A。

（2）确定 C 相故障类型。判定方法是按下操作面板的故障恢复按钮（C 相电流开路恢复），再次测量表 3-21 中的电流值，如果 $I_1 \approx I_3 \approx 2A$，说明故障被恢复了，可以判定原接线方式为 CT 二次侧 C 相开路。

最终，通过故障恢复按钮的操作及两次测量的电流值对比，可以准确判定 CT 二次侧 C 相开路。

第五节　表尾电流进出反接

表尾电流进出反接在这里的含义是：三相三线电能表两个元件内的电流进线与出线接反，也就是说，电流会从电能表的电流出线端流入，从电能表的电流进线端流出。软件操作界面中“一元件”指的是前面所说三相三线电能表的 1 元件，“二元件”指的是前面所说三相三线电能表的 3 元件。如果出现表尾电流进出反接，那么流入电能表的实际电流方向就发生了改变，电压与电流之间的相位角也将发生变化。

这里发现表尾电流进出反接导致的结果与电流互感器二次侧极性反接很像。为了对这两种不同的接线方式加以区别，只有分析两者其他方面的差异。考虑到电流在流过导线时会产生电压降，那么表尾如果接线没有发生错误，电能表表尾进线与 B 相电压之间应该存在电压差。所以，表尾电流进出反接这一类型接线方式的判断，主要是通过测量电能表表尾电压、电流相位之间的夹角和测量电流进线端、出线端与 B 相电压之间的电压差共同来确定的。

一、一元件表尾电流进出反接

对仿真装置设置如下：电流为 2A，ϕ 为 15°，负载性质是 L（感性）。

测量结果如表 3-22 所示。

表 3-22 一元件表尾电流进出反接时数据统计表

测量数据			
项目	1 元件	绿色端子	3 元件
电压	99.3V	99.2V	99.9V
电流	2.00A	—	1.96A
对地电压	99.3V	0.0V	99.9V
相位角	$\phi_{U_{12}I_1}=224.5°$，$\phi_{U_{32}I_1}=284.4°$		
	$\phi_{U_{12}I_3}=284.7°$，$\phi_{U_{32}I_3}=344.6°$		

分析过程如下：

(1) 观察电压和电流值。从表 3-22 的“电压”“电流”“对地电压”栏中的显示值可以看出，电压和电流值均正常，可以排除断相、短路以及 PT 二次侧极性反接这些类型的故障。

(2) 观察相位角。从表 3-22 的“相位角”栏中的显示值可以看出，I_1出现异常，与正常值相比，相差了 180°。在电压相序已经确定的前提下，经过对相位角的分析，可以判断出 A 相电流出现了反向。

(3) 分别测量 A 相电流进线端子、出线端子与 B 相电压之间的电压差，测量结果如表 3-23所示。

表 3-23 一元件表尾电流进出反接时电压差数据统计表

测量数据		
电压差	1 元件进线端子	1 元件出线端子
B 相电压	0.0V	0.2V

电流在流过导线时将产生电压降，所以电流流出端应该与 B 相电压等电位，而电流流入端应该与 B 相电压间存在一定的电压差。与 B 相电压等电位的电流端子应该是实际电流的流出端。

把分析的结果与表 3-23 中测量的结果对比。

测量结果：$U_{1入0}=0.0V$，$U_{1出0}=0.2V$。与分析结果基本相符合。

最终可以判定：接线方式为一元件表尾电流进出反接。

二、二元件表尾电流进出反接

对仿真装置设置如下：电流为 2A，ϕ 为 15°，负载性质是 L（感性）。

测量结果如表 3-24 所示。

表 3-24 二元件表尾电流进出反接时数据统计表

测量数据			
项目	1 元件	绿色端子	3 元件
电压	99.3V	99.3V	99.9V
电流	2.00A	—	1.96A
对地电压	99.3V	0.2V	99.9V

续表

项目	1 元件	绿色端子	3 元件
相位角	$\phi_{U_{12}I_1}=44.5°$，$\phi_{U_{32}I_1}=104.4°$		
	$\phi_{U_{12}I_3}=104.6°$，$\phi_{U_{32}I_3}=164.5°$		

分析过程如下：

（1）观察电压和电流值。从表 3-24 的"电压""电流""对地电压"栏中的显示值可以看出，电压和电流值均正常，可以排除断相、短路以及 PT 二次侧极性反接这些类型的故障。

（2）观察相位角。从表 3-24 的"相位角"栏中的显示值可以看出，I_3出现异常，与正常值相比，相差了 180°。在电压相序已经确定的前提下，经过对相位角的分析，可以判断出 C 相电流出现了反向。

（3）分别测量 C 相电流进线端子、出线端子与 B 相电压之间的电压差，测量结果如表 3-25所示。

表 3-25　　二元件表尾电流进出反接时电压差数据统计表

测量数据		
电压差	3 元件进线端子	3 元件出线端子
B 相电压	0.0V	0.2V

电流在流过导线时将产生电压降，所以电流流出端应该与 B 相电压等电位，而电流流入端应该与 B 相电压之间存在一定的电压差。与 B 相电压等电位的电流端子应该是实际电流的流出端。

把分析的结果与表 3-25 中测量的结果对比。

测量结果：$U_{3入0}=0.0V$，$U_{3出0}=0.2V$。与分析结果基本相符合。

最终可以判定：接线方式为二元件表尾电流进出反接。

第六节　电流错接相

电流错接相在这里的含义是：电源流入三相电能表内两个元件的具体电流相别。由于三相三线电能表由两个元件组成，所以此项接线类型表示为两个电流，前一个电流为流入 1 元件的电流，后一个电流为流入 3 元件的电流。

电流错接相这一类型接线方式的判断，主要是通过测量电能表表尾电压与电流之间的相位角来确定的。

设定功率因数角为 ϕ，可以做出相序正常时的电压、电流相量图，如图 3-14 所示。

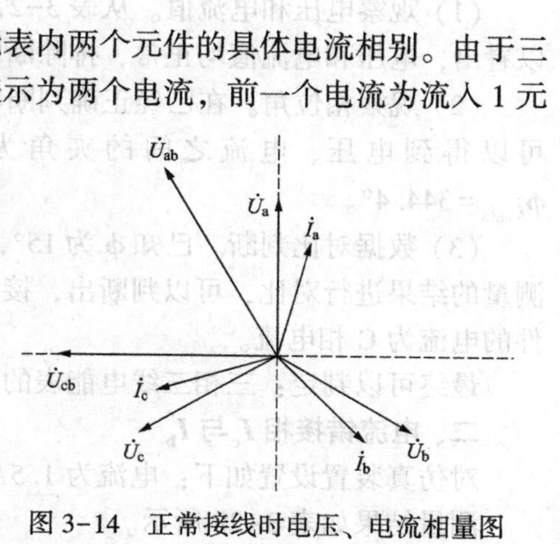

图 3-14　正常接线时电压、电流相量图

通过观察图 3-14，可以分别得出线电压 U_{ab}、U_{cb}与 I_a、I_b、I_c之间的夹角。对这些角度进行整理和分析，可以归纳出电压与电流相位之间夹角的结

论，如表 3-26 所示。

表 3-26 正确接线时相位角推论数据统计表

相量图推论			
电压超前电流的角度	$\dot{I}_a$	$\dot{I}_b$	$\dot{I}_c$
$\dot{U}_{ab}$	30°+ϕ	150°+ϕ	300°−ϕ
$\dot{U}_{cb}$	90°+ϕ	210°+ϕ	360°−ϕ

如果在已知电压相序没有错误的情况下，通过测量未知电流相量与已确认的电压相量之间的夹角，与从表 3-26 中得出的结论就可以推断出接入电能表的未知电流的具体相别。

电流错接相的方式有 6 种，分别为 I_a 与 I_c、I_c 与 I_b、I_c 与 I_a、I_a 与 I_b、I_b 与 I_c、I_b 与 I_a。下面将详细地对这 6 种表尾电压接线分别进行分析。

一、电流错接相 I_a 与 I_c

对仿真装置设置如下：电流为 1.5A，ϕ 为 15°，负载性质是 L（感性）。

测量结果如表 3-27 所示。

表 3-27 电流错接相 I_a 与 I_c 时数据统计表

测量数据			
项目	1 元件	绿色端子	3 元件
电压	99.4V	99.3V	99.9V
电流	1.49A	—	1.48A
对地电压	99.4V	0.0V	99.9V
相位角	$\phi_{U_{12}I_1}=44.6°$，$\phi_{U_{32}I_1}=104.5°$		
	$\phi_{U_{12}I_3}=284.3°$，$\phi_{U_{32}I_3}=344.4°$		

分析过程如下：

(1) 观察电压和电流值。从表 3-27 的“电压”“电流”“对地电压”栏中的显示值可以看出，电压和电流值均正常，排除断相、短路及 PT 二次侧极性反接故障。

(2) 观察相位角。在已经正确判断电压为正确相序的前提下，带入表 3-27 的相位角中，可以得到电压、电流之间的夹角为：$\phi_{U_{ab}I_1}=44.6°$，$\phi_{U_{cb}I_1}=104.5°$，$\phi_{U_{ab}I_3}=284.3°$，$\phi_{U_{cb}I_3}=344.4°$。

(3) 数据对比判断。已知 ϕ 为 15°，带入表 3-26，整理数据。把整理后的数据与第二步测量的结果进行对比，可以判断出，接入电能表 1 元件的电流为 A 相电流，接入电能表 3 元件的电流为 C 相电流。

最终可以判定：三相三线电能表的电流接线方式为 I_a 与 I_c。

二、电流错接相 I_c 与 I_b

对仿真装置设置如下：电流为 1.5A，ϕ 为 15°，负载性质是 L（感性）。

测量结果如表 3-28 所示。

表 3-28　　电流错接相 I_c 与 I_b 时数据统计表

测量数据			
项目	1元件	绿色端子	3元件
电压	99.4V	99.3V	99.9V
电流	1.49A	—	1.48A
对地电压	99.4V	0.0V	99.9V
相位角	$\phi_{U_{12}I_1}=284.6°$，$\phi_{U_{32}I_1}=344.5°$		
	$\phi_{U_{12}I_3}=165.4°$，$\phi_{U_{32}I_3}=225.2°$		

分析过程如下：

(1) 观察电压和电流值。从表 3-28 的"电压""电流""对地电压"栏中的显示值可以看出，电压和电流值均正常，排除断相、短路及 PT 二次侧极性反接故障。

(2) 观察相位角。在已经正确判断电压为正确相序的前提下，带入表 3-28 的相位角中，可以得到电压、电流之间的夹角为：$\phi_{U_{ab}I_1}=284.6°$，$\phi_{U_{cb}I_1}=344.5°$，$\phi_{U_{ab}I_3}=165.4°$，$\phi_{U_{cb}I_3}=225.2°$。

(3) 数据对比判断。已知 ϕ 为 15°，带入表 3-26，整理数据。把整理后的数据与第二步测量的结果进行对比，可以判断出，接入电能表 1 元件的电流为 C 相电流，接入电能表 3 元件的电流为 B 相电流。

最终可以判定：三相三线电能表的电流接线方式为 I_c 与 I_b。

三、电流错接相 I_c 与 I_a

对仿真装置设置如下：电流为 1.5A，ϕ 为 15°，负载性质是 L（感性）。

测量结果如表 3-29 所示。

表 3-29　　电流错接相 I_c 与 I_a 时数据统计表

测量数据			
项目	1元件	绿色端子	3元件
电压	99.4V	99.3V	99.9V
电流	1.49A	—	1.48A
对地电压	99.4V	0.0V	99.9V
相位角	$\phi_{U_{12}I_1}=284.5°$，$\phi_{U_{32}I_1}=344.4°$		
	$\phi_{U_{12}I_3}=44.8°$，$\phi_{U_{32}I_3}=104.7°$		

分析过程如下：

(1) 观察电压和电流值。从表 3-29 的"电压""电流""对地电压"栏中的显示值可以看出，电压和电流值均正常，排除断相、短路及 PT 二次侧极性反接故障。

(2) 观察相位角。在已经正确判断电压为正确相序的前提下，带入表 3-29 的相位角中，可以得到电压、电流之间的夹角为：$\phi_{U_{ab}I_1}=284.5°$，$\phi_{U_{cb}I_1}=344.4°$，$\phi_{U_{ab}I_3}=44.8°$，$\phi_{U_{cb}I_3}=104.7°$。

(3) 数据对比判断。已知 ϕ 为 15°，带入表 3-26，整理数据。把整理后的数据与第二步测量的结果进行对比，可以判断出，接入电能表 1 元件的电流为 C 相电流，接入电能表 3 元件的电流为 A 相电流。

最终可以判定：三相三线电能表的电流接线方式为 I_c 与 I_a。

四、电流错接相 I_a 与 I_b

对仿真装置设置如下：电流为 1.5A，ϕ 为 15°，负载性质是 L（感性）。

测量结果如表 3-30 所示。

表 3-30 电流错接相 I_a 与 I_b 时数据统计表

测量数据			
项目	1 元件	绿色端子	3 元件
电压	99.4V	99.3V	99.9V
电流	1.49A	—	1.48A
对地电压	99.4V	0.0V	99.9V
相位角	$\phi_{U_{12}I_1}=44.7°$，$\phi_{U_{32}I_1}=104.7°$		
	$\phi_{U_{12}I_3}=165.4°$，$\phi_{U_{32}I_3}=225.3°$		

分析过程如下：

（1）观察电压和电流值。从表 3-30 的“电压”“电流”“对地电压”栏中的显示值可以看出，电压和电流值均正常，排除断相、短路及 PT 二次侧极性反接故障。

（2）观察相位角。在已经正确判断电压为正确相序的前提下，带入表 3-30 的相位角中，可以得到电压、电流之间的夹角为：$\phi_{U_{ab}I_1}=44.7°$，$\phi_{U_{cb}I_1}=104.7°$，$\phi_{U_{ab}I_3}=165.4°$，$\phi_{U_{cb}I_3}=225.3°$。

（3）数据对比判断。已知 ϕ 为 15°，带入表 3-26，整理数据。把整理后的数据与第二步测量的结果进行对比，可以判断出，接入电能表 1 元件的电流为 A 相电流，接入电能表 3 元件的电流为 B 相电流。

最终可以判定：三相三线电能表的电流接线方式为 I_a 与 I_b。

五、电流错接相 I_b 与 I_c

对仿真装置设置如下：电流为 1.5A，ϕ 为 15°，负载性质是 L（感性）。

测量结果如表 3-31 所示。

表 3-31 电流错接相 I_b 与 I_c 时数据统计表

测量数据			
项目	1 元件	绿色端子	3 元件
电压	99.4V	99.3V	99.9V
电流	1.49A	—	1.48A
对地电压	99.4V	0.0V	99.9V
相位角	$\phi_{U_{12}I_1}=165.4°$，$\phi_{U_{32}I_1}=225.3°$		
	$\phi_{U_{12}I_3}=284.5°$，$\phi_{U_{32}I_3}=344.4°$		

分析过程如下：

（1）观察电压和电流值。从表 3-31 的“电压”“电流”“对地电压”栏中的显示值可以看出，电压和电流值均正常，排除断相、短路及 PT 二次侧极性反接故障。

(2) 观察相位角。在已经正确判断电压为正确相序的前提下，带入表 3-31 的相位角中，可以得到电压、电流之间的夹角为：$\phi_{U_{ab}I_1}=165.4°$，$\phi_{U_{cb}I_1}=225.3°$，$\phi_{U_{ab}I_3}=284.5°$，$\phi_{U_{cb}I_3}=344.4°$。

(3) 数据对比判断。已知 ϕ 为 15°，带入表 3-26，整理数据。把整理后的数据与第二步测量的结果进行对比，可以判断出，接入电能表 1 元件的电流为 B 相电流，接入电能表 3 元件的电流为 C 相电流。

最终可以判定：三相三线电能表的电流接线方式为 I_b 与 I_c。

六、电流错接相 I_b 与 I_a

对仿真装置设置如下：电流为 1.5A，ϕ 为 15°，负载性质是 L（感性）。

测量结果如表 3-32 所示。

表 3-32　　电流错接相 I_b 与 I_a 时数据统计表

测量数据			
项目	1 元件	绿色端子	3 元件
电压	99.4V	99.3V	99.9V
电流	1.49A	—	1.48A
对地电压	99.4V	0.0V	99.9V
相位角	$\phi_{U_{12}I_1}=165.4°$，$\phi_{U_{32}I_1}=225.4°$		
	$\phi_{U_{12}I_3}=44.7°$，$\phi_{U_{32}I_3}=104.7°$		

分析过程如下：

(1) 观察电压和电流值。从表 3-32 的“电压”“电流”“对地电压”栏中的显示值可以看出，电压和电流值均正常，排除断相、短路及 PT 二次侧极性反接故障。

(2) 观察相位角。在已经正确判断电压为正确相序的前提下，带入表 3-32 的相位角中，可以得到电压、电流之间的夹角为：$\phi_{U_{ab}I_1}=165.4°$，$\phi_{U_{cb}I_1}=225.4°$，$\phi_{U_{ab}I_3}=44.7°$，$\phi_{U_{cb}I_3}=104.7°$。

(3) 数据对比判断。已知 ϕ 为 15°，带入表 3-26，整理数据。把整理后的数据与第二步测量的结果进行对比，可以判断出，接入电能表 1 元件的电流为 B 相电流，接入电能表 3 元件的电流为 A 相电流。

最终可以判定：三相三线电能表的电流接线方式为 I_b 与 I_a。

课后习题

1. 表尾电压接线的方式一共有几种？如何判断？

2. PT 一次断相这一类型的故障一旦设置完成，在系统开始运行后实训人员测量的过程中，是否可以通过软件操作恢复？

3. PT 二次断相这一类型的故障一旦设置完成，在系统开始运行后实训人员测量的过程中，是否可以通过软件操作恢复？

4. PT 二次侧极性反接是如何判断的？

5. CT二次侧短路这一类型的故障一旦设置完成，在系统开始运行后实训人员测量的过程中，是否可以通过软件操作恢复？

6. CT二次侧开路这一类型的故障一旦设置完成，在系统开始运行后实训人员测量的过程中，是否可以通过软件操作恢复？

7. CT二次侧极性反接是如何判断的？

8. 表尾电流进出反接是如何判断的？

9. 电流错接相的方式一共有几种？如何判断？

第四章　三相四线电能计量装置常见单一故障的排查

三相四线电能计量装置的常见故障类型一般有表尾电压断相、电流欠流、电压相序错误、表尾电流相序错误、电压互感器故障和电流互感器故障。

与仿真接线系统的软件相结合，把这些类型的故障分为表尾电压接线、PT一次断相、PT接线方式、CT接线方式、表尾电流进出反接和电流错接相六部分。本章将详细介绍各种故障的测量及分析方法。需要注意的是：本章中所提到的故障测量及分析方法适用于单一故障，即除了装置当前所分析的特定故障外，其余接线正常，不同时存在其他故障。

为了便于分析和计算，本书把电能表表尾黄色的电压线标记为 U_1（即正确接线时的 U_a），电能表表尾绿色的电压线标记为 U_2（即正确接线时的 U_b），电能表表尾红色的电压线标记为 U_3（即正确接线时的 U_c）。那么，三相四线电能表中的1元件，其电压值用相电压 U_1表示，三相四线电能表中的2元件，其电压值用相电压 U_2表示，三相四线电能表中的3元件，其电压值用相电压 U_3。

第一节　表尾电压接线

表尾电压接线在这里的含义是：电源接入三相电能表表尾的具体电压相序。所以表尾电压接线这一类型接线方式的判断，主要通过测量电能表表尾电压对地之间的相位角以及找出A相来共同确定。

相序正常时的电压相量图如图4-1所示。分别测量 U_1、U_2、U_3电压接线端子与接地螺栓之间的电压，记录 U_1、U_2、U_3和参考相之间的电压值，并根据设备面板中已知所给的A相参考端子判断A相和电压相序，再分别测量 I_1、I_2、I_3电流值，和电压、电流之间的夹角判断具体接线情况。

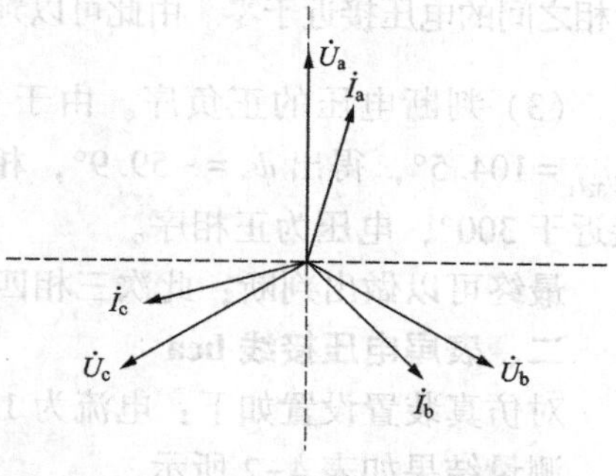

图4-1　正确相序时电压相量图

需要测量的数据有以下三部分：

（1）电压值：U_1—零线、U_2—零线、U_3—零线；U_1—U_A、U_2—U_A、U_3—U_A。

（2）电流值：I_1、I_2、I_3。

（3）相位角：$\phi_{U_{12}I_1}$、$\phi_{U_{32}I_1}$、$\phi_{U_{12}I_2}$、$\phi_{U_{12}I_3}$。

判断电压正负序的夹角

$$\psi = U_{12}\hat{}U_{32} = \phi_{U_{12}I_1} - \phi_{U_{32}I_1}$$

如计算出的相位角出现负值，则加360°转换成正值。60°为逆相序，300°为正相序。

需要注意的是：由于在三相三线电能计量装置的常见故障类型的排查过程中，已经详细讲解了判断电压正负序后验证结论是否正确的方法，所以在本章中，就不重复叙述验证电压正负序结论正确的过程了。测量数据统计表中，仅列出了需要用来判断电压相序的一对电压与电流的相位角。实训人员如需验证，所需数据自行测量即可。

表尾电压接线的方式有 6 种，分别为 abc，bca，cab，acb，bac，cba。下面本书详细地对这 6 种表尾电压接线分别进行分析。

一、表尾电压接线 abc

为了配合测量，对仿真装置设置如下：电流为 1.5A，ϕ 为 15°，负载性质是 L（感性）。把上述需要测量的结果统计到一个表格里，表格模板见附录 A。这种表格专门用于记录测量结果，简单清晰，在测量后直接填写，便于进行数据统计、分析和表述。

测量结果如表 4-1 所示。

表 4-1　　表尾电压接线 abc 时数据统计表

测量数据			
项目	1 元件	2 元件	3 元件
电压	57.5V	57.6V	57.5V
电流	1.49A	1.49A	1.48A
对参考相电压	0.0V	99.8V	99.9V
相位角	$\phi_{U_{12}I_1}=44.6°$		$\phi_{U_{32}I_1}=104.5°$
	$\phi_{U_{12}I_2}=164.3°$		$\phi_{U_{12}I_3}=284.3°$

分析过程如下：

（1）观察电压和电流值。从表 4-1 的"电压""电流"栏中的显示值可以看出，电压和电流值均正常，排除断相、短路及 PT 二次侧极性反接的故障。

（2）确定 A 相。从表 4-1 的"对参考相电压"数据栏的测量值可以看出，只有 1 元件与参考相之间的电压接近于零。由此可以判断出：这一相就是 A 相，即 U_1 为实际接线的 U_a。

（3）判断电压的正负序。由于 $\psi=\widehat{U_{12}U_{32}}=\phi_{U_{12}I_1}-\phi_{U_{32}I_1}$，带入表中数据 $\phi_{U_{12}I_1}=44.6°$，$\phi_{U_{32}I_1}=104.5°$，得出 $\psi=-59.9°$，相位角出现负值，则加 360°，转换成正值，$\psi=300.1°$，接近于 300°，电压为正相序。

最终可以做出判断：此次三相四线电能表表尾电压的接线方式确定只有 abc 唯一一种。

二、表尾电压接线 bca

对仿真装置设置如下：电流为 1.5A，ϕ 为 15°，负载性质是 L（感性）。

测量结果如表 4-2 所示。

表 4-2　　表尾电压接线 bca 时数据统计表

测量数据			
项目	1 元件	2 元件	3 元件
电压	57.5V	57.6V	57.5V
电流	1.49A	1.49A	1.48A
对参考相电压	99.9V	99.8V	0.0V
相位角	$\phi_{U_{12}I_1}=284.6°$		$\phi_{U_{32}I_1}=344.5°$
	$\phi_{U_{12}I_2}=44.3°$		$\phi_{U_{12}I_3}=164.3°$

分析过程如下：

（1）观察电压和电流值。从表4-2的“电压”“电流”栏中的显示值可以看出，电压和电流值均正常，排除断相、短路及PT二次侧极性反接的故障。

（2）确定A相。从表4-2的“对参考相电压”数据栏的测量值可以看出，只有3元件与参考相之间的电压接近于零。由此可以判断出：这一相就是A相，即 U_3 为实际接线的 U_a。

（3）判断电压的正负序。由于 $\psi=\widehat{U_{12}U_{32}}=\phi_{U_{12}I_1}-\phi_{U_{32}I_1}$，带入表中数据 $\phi_{U_{12}I_1}=284.6°$，$\phi_{U_{32}I_1}=344.5°$，得出 $\psi=-59.9°$，相位角出现负值，则加360°，转换成正值，$\psi=300.1°$，接近于300°，电压为正相序。

最终可以做出判断：此次三相四线电能表表尾电压的接线方式确定只有bca唯一一种。

三、表尾电压接线 cab

对仿真装置设置如下：电流为1.5A，ϕ 为15°，负载性质是L（感性）。

测量结果如表4-3所示。

表4-3　表尾电压接线 cab 时数据统计表

项目	测量数据		
	1元件	2元件	3元件
电压	57.5V	57.6V	57.5V
电流	1.49A	1.49A	1.48A
对参考相电压	99.9V	0.0V	99.9V
相位角	$\phi_{U_{12}I_1}=164.6°$		$\phi_{U_{32}I_1}=224.5°$
	$\phi_{U_{12}I_2}=284.3°$		$\phi_{U_{12}I_3}=44.3°$

分析过程如下：

（1）观察电压和电流值。从表4-3的“电压”“电流”栏中的显示值可以看出，电压和电流值均正常，排除断相、短路及PT二次侧极性反接的故障。

（2）确定A相。从表4-3的“对参考相电压”数据栏的测量值可以看出，只有2元件与参考相之间的电压接近于零。由此可以判断出：这一相就是A相，即 U_2 为实际接线的 U_a。

（3）判断电压的正负序。由于 $\psi=\widehat{U_{12}U_{32}}=\phi_{U_{12}I_1}-\phi_{U_{32}I_1}$，带入表中数据 $\phi_{U_{12}I_1}=164.6°$，$\phi_{U_{32}I_1}=224.5°$，得出 $\psi=-59.9°$，相位角出现负值，则加360°，转换成正值，$\psi=300.1°$，接近于300°，电压为正相序。

最终可以做出判断：此次三相四线电能表表尾电压的接线方式确定只有cab唯一一种。

四、表尾电压接线 acb

对仿真装置设置如下：电流为1.5A，ϕ 为15°，负载性质是L（感性）。

测量结果如表4-4所示。

表 4-4 表尾电压接线 acb 时数据统计表

项目	测量数据			
	1 元件		2 元件	3 元件
电压	57.5V		57.6V	57.5V
电流	1.49A		1.49A	1.48A
对参考相电压	0.0V		99.8V	99.9V
相位角	$\phi_{U_{12}I_1}=344.6°$		$\phi_{U_{32}I_1}=284.5°$	
	$\phi_{U_{12}I_2}=104.3°$		$\phi_{U_{12}I_3}=224.3°$	

分析过程如下：

(1) 观察电压和电流值。从表 4-4 的“电压”“电流”栏中的显示值可以看出，电压和电流值均正常，排除断相、短路及 PT 二次侧极性反接的故障。

(2) 确定 A 相。从表 4-4 的“对参考相电压”数据栏的测量值可以看出，只有 1 元件与参考相之间的电压接近于零。由此可以判断出：这一相就是 A 相，即 U_1 为实际接线的 U_a。

(3) 判断电压的正负序。由于 $\psi=U_{12}\hat{}U_{32}=\phi_{U_{12}I_1}-\phi_{U_{32}I_1}$，带入表中数据 $\phi_{U_{12}I_1}=344.6°$，$\phi_{U_{32}I_1}=284.5°$，得出 $\psi=60.1°$，接近于 60°，电压为负相序。

最终可以做出判断：此次三相四线电能表表尾电压的接线方式确定只有 acb 唯一一种。

五、表尾电压接线 bac

对仿真装置设置如下：电流为 1.5A，ϕ 为 15°，负载性质是 L（感性）。

测量结果如表 4-5 所示。

表 4-5 表尾电压接线 bac 时数据统计表

项目	测量数据			
	1 元件		2 元件	3 元件
电压	57.5V		57.6V	57.5V
电流	1.49A		1.49A	1.48A
对参考相电压	99.9V		0.0V	99.9V
相位角	$\phi_{U_{12}I_1}=224.6°$		$\phi_{U_{32}I_1}=164.5°$	
	$\phi_{U_{12}I_2}=344.3°$		$\phi_{U_{12}I_3}=104.3°$	

分析过程如下：

(1) 观察电压和电流值。从表 4-5 的“电压”“电流”栏中的显示值可以看出，电压和电流值均正常，排除断相、短路及 PT 二次侧极性反接的故障。

(2) 确定 A 相。从表 4-5 的“对参考相电压”数据栏的测量值可以看出，只有 2 元件与参考相之间的电压接近于零。由此可以判断出：这一相就是 A 相，即 U_2 为实际接线的 U_a。

(3) 判断电压的正负序。由于 $\psi=U_{12}\hat{}U_{32}=\phi_{U_{12}I_1}-\phi_{U_{32}I_1}$，带入表中数据 $\phi_{U_{12}I_1}=224.6°$，

$\phi_{U_{32}I_1}=164.5°$，得出 $\psi=60.1°$，接近于 60°，电压为负相序。

最终可以做出判断：此次三相四线电能表表尾电压的接线方式确定只有 bac 唯一一种。

六、表尾电压接线 cba

对仿真装置设置如下：电流为 1.5A，ϕ 为 15°，负载性质是 L（感性）。

测量结果如表 4-6 所示。

表 4-6　　表尾电压接线 cba 时数据统计表

测量数据			
项目	1 元件	2 元件	3 元件
电压	57.5V	57.6V	57.5V
电流	1.49A	1.49A	1.48A
对参考相电压	99.9V	99.8V	0.0V
相位角	$\phi_{U_{12}I_1}=104.6°$		$\phi_{U_{32}I_1}=44.5°$
	$\phi_{U_{12}I_2}=224.3°$		$\phi_{U_{12}I_3}=344.3°$

分析过程如下：

(1) 观察电压和电流值。从表 4-6 的“电压”“电流”栏中的显示值可以看出，电压和电流值均正常，排除断相、短路及 PT 二次侧极性反接的故障。

(2) 确定 A 相。从表 4-6 的“对参考相电压”数据栏的测量值可以看出，只有 3 元件与参考相之间的电压接近于零。由此可以判断出：这一相就是 A 相，即 U_3 为实际接线的 U_a。

(3) 判断电压的正负序。由于 $\psi=U_{12}\hat{}U_{32}=\phi_{U_{12}I_1}-\phi_{U_{32}I_1}$，带入表中数据 $\phi_{U_{12}I_1}=104.6°$，$\phi_{U_{32}I_1}=44.5°$，得出 $\psi=60.1°$，接近于 60°，电压为负相序。

最终可以做出判断：此次三相四线电能表表尾电压的接线方式确定只有 cba 唯一一种。

第二节　PT 一次断相

PT 一次断相在这里的含义是：经电压互感器接入电能表的仿真接线装置，电压互感器线路出现故障，一次侧电压断线。电压互感器一次侧断线，其二次电压值与互感器接线形式有关。以电压互感器二次侧空载为例进行分析，其他负载情况的理论分析结果详见附录 B。

正常情况下，电压互感器二次侧的相电压为 57.7V，即 $U_a=U_b=U_c=57.7V$，线电压应该为 100V，即 $U_{ab}=U_{bc}=U_{ca}=100V$。如果一次侧出现断线故障，那么将对二次侧线电压的大小产生影响。所以，PT 一次断相这一类型接线方式的判断，主要是通过测量电能表表尾电压值的大小来确定的。

值得注意的是：WT-F24 型电能表接线智能仿真系统中，三个操作面是共享一个电压互感器一次侧的，所以无论是哪一个操作面，如果设置了 PT 一次断相这一类型接线方式，其余操作面即使没有设置这种故障，这种故障也依然存在。这容易造成实训人员的测试结果与仿真设备接线方式的起始设置不符的误判断。

而且 PT 一次断相这一类型的故障一旦设置完成，在系统开始运行后实训人员测量的过程中，不能通过软件操作恢复，这容易误导实训人员对其他接线方式的判断。例如，电流接线方式的判断一般是通过测量电压与电流之间相位角来确定的，而 PT 一次断相会导致二次电压的大小与相位发生变化，这就会影响对电流接线方式的判定。

一、PT 一次侧 A 相断线

对仿真装置设置如下：电流为 1.5A，ϕ 为 15°，负载性质是 L（感性）。

测量结果如表 4-7 所示。

表 4-7　　PT 一次侧 A 相断线时数据统计表

项目	测量数据		
项目	1 元件	2 元件	3 元件
电压	0.0V	57.6V	57.5V
电流	1.49A	1.49A	1.48A
对参考相电压	0.0V	99.9V	99.9V
相位角	$\phi_{U_{12}I_1}=44.6°$		$\phi_{U_{32}I_1}=104.5°$
	$\phi_{U_{12}I_2}=284.3°$		$\phi_{U_{12}I_3}=284.3°$

分析过程如下：

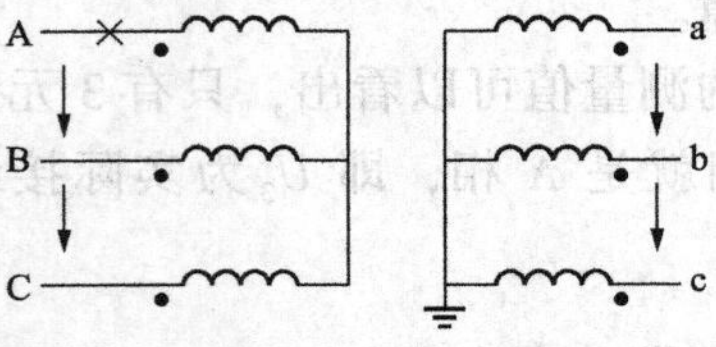

图 4-2　PT 一次侧 A 相断线的原理接线图

（1）做出 PT 一次侧 A 相断线的原理接线图，如图 4-2所示。

（2）通过原理接线图分析 A 相断线后，PT 二次电压的变化。

1）由于 PT 一次侧 B、C 绕组均正常，那么二次绕组 b、c 之间的感应电动势正常，所以 $U_b=57.7\text{V}$、$U_c=57.7\text{V}$。

2）由于 PT 一次侧 A 相断线，那么二次侧对应的绕组没有感应电动势，所以 $U_a=0\text{V}$。

（3）把分析的结果与表 4-7 中测量的结果对比。

测量结果：$U_1=0.0\text{V}$，$U_2=57.7\text{V}$，$U_3=57.4\text{V}$。

分析结果：$U_a=0\text{V}$，$U_b=57.7\text{V}$，$U_c=57.7\text{V}$。

测量结果与分析结果基本相符合。

最终判定：接线方式为 PT 一次侧 A 相断线。

二、PT 一次侧 B 相断线

对仿真装置设置如下：电流为 1.5A，ϕ 为 15°，负载性质是 L（感性）。

测量结果如表 4-8 所示。

表 4-8　　PT 一次侧 B 相断线时数据统计表

项目	测量数据		
项目	1 元件	2 元件	3 元件
电压	57.5V	0.0V	57.5V
电流	1.49A	1.49A	1.48A

续表

测量数据			
对参考相电压	0.0V	57.6V	99.9V
相位角	$\phi_{U_{12}I_1}=44.6°$		$\phi_{U_{32}I_1}=104.5°$
	$\phi_{U_{12}I_2}=284.3°$		$\phi_{U_{12}I_3}=284.3°$

分析过程如下：

（1）做出 PT 一次侧 B 相断线的原理接线图，如图 4-3 所示。

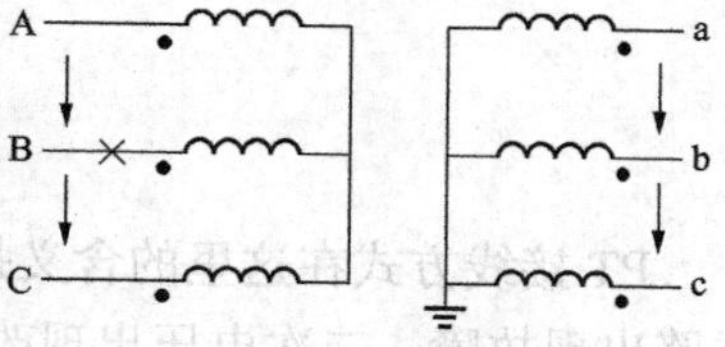

图 4-3 PT 一次侧 B 相断线的原理接线图

（2）通过原理接线图分析 B 相断线后，PT 二次电压的变化。

1）由于 PT 一次侧 A、C 绕组均正常，那么二次绕组 a、c 之间的感应电动势正常，所以 $U_a=57.7V$、$U_c=57.7V$。

2）由于 PT 一次侧 A 相断线，那么二次侧对应的绕组没有感应电动势，所以 $U_b=0V$。

（3）把分析的结果与表 4-8 中测量的结果对比。

测量结果：$U_1=57.5V$，$U_2=0.0V$，$U_3=57.5V$。

分析结果：$U_a=57.7V$，$U_b=0V$，$U_c=57.7V$。

测量结果与分析结果基本相符合。

最终判定：接线方式为 PT 一次侧 B 相断线。

三、PT 一次侧 C 相断线

对仿真装置设置如下：电流为 1.5A，ϕ 为 15°，负载性质是 L（感性）。

测量结果如表 4-9 所示。

表 4-9 PT 一次侧 C 相断线时数据统计表

测量数据			
项目	1 元件	2 元件	3 元件
电压	57.5V	57.6V	0.0V
电流	1.49A	1.49A	1.48A
对参考相电压	0.0V	99.8V	57.6V
相位角	$\phi_{U_{12}I_1}=44.6°$		$\phi_{U_{32}I_1}=104.5°$
	$\phi_{U_{12}I_2}=284.3°$		$\phi_{U_{12}I_3}=284.3°$

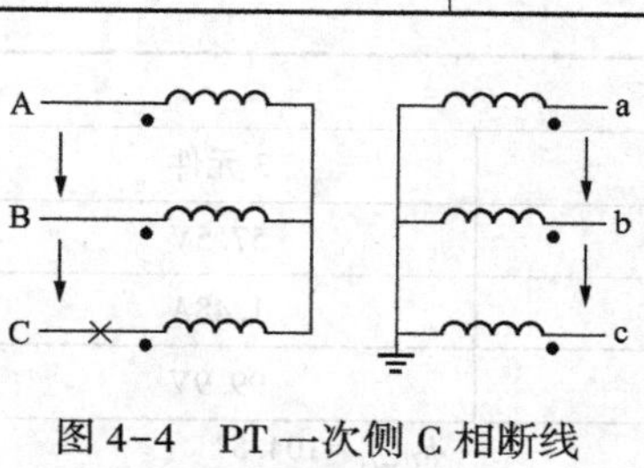

图 4-4 PT 一次侧 C 相断线的原理接线图

分析过程如下：

（1）做出 PT 一次侧 C 相断线的原理接线图，如图 4-4 所示。

（2）通过原理接线图分析 C 相断线后，PT 二次电压的变化。

1）由于 PT 一次侧 B、A 绕组均正常，那么二次绕组 b、a 之间的感应电动势正常，所以 $U_b=57.7V$、

$U_a=57.7V$。

2）由于 PT 一次侧 C 相断线，那么二次侧对应的绕组没有感应电动势，所以 $U_c=0V$。

（3）把分析的结果与表 4-7 中测量的结果对比。

测量结果：$U_1=57.5V$，$U_2=57.7V$，$U_3=0.0V$。

分析结果：$U_a=57.7V$，$U_b=57.7V$，$U_c=0V$。

测量结果与分析结果基本相符合。

最终判定：接线方式为 PT 一次侧 C 相断线。

第三节 PT 接线方式

PT 接线方式在这里的含义是：经电压互感器接入电能表的仿真接线装置，电压互感器线路出现故障，二次电压出现改变，包含 PT 二次断相和 PT 二次极性反接两大类型。

一、PT 二次断相

PT 二次断相在这里的含义是：电压互感器的二次电压出现断线。电压互感器二次侧断线，其二次电压值与互感器是否接入二次侧负载有关。

这里以电压互感器二次侧空载为例进行分析，其他负载情况的理论分析结果详见附录 C。

正常情况下，电压互感器二次侧的线电压应该为 100V，即 $U_{ab}=U_{bc}=U_{ca}=100V$。如果二次侧出现断线故障，二次侧线电压的大小将发生变化。所以，PT 二次断相这一类型接线方式的判断，主要是通过测量电能表表尾电压值的大小来确定的。

值得注意的是：与 PT 一次断相这一类型接线方式不同，WT-F24 型电能表接线智能仿真系统中，三个操作面的 PT 二次侧相互独立，无论哪个操作面设置了 PT 二次断相这一类型接线方式，不会对其余操作面产生影响。

而且 PT 二次断相这一类型的故障，在系统开始运行后实训人员测量的过程中，可以通过按下操作面板的故障恢复按钮来恢复。故障恢复按钮的操作有助于测试人员验证自己对 PT 二次断相结论的判断。按下操作面板的故障恢复按钮后，PT 二次断相故障消失，实训人员可以进行下一步操作，例如通过测量电压与电流之间相位角来确定电流接线方式等。

（一）PT 二次侧 a 相断线

对仿真装置设置如下：电流为 1.5A，ϕ 为 15°，负载性质是 L（感性）。

测量结果如表 4-10 所示。

表 4-10 PT 二次侧 a 相断线时数据统计表

测量数据			
项目	1 元件	2 元件	3 元件
电压	0.0V	57.6V	57.5V
电流	1.49A	1.49A	1.48A
对参考相电压	0.0V	99.9V	99.9V
相位角	$\phi_{U_{12}I_1}=44.6°$		$\phi_{U_{32}I_1}=104.5°$
	$\phi_{U_{12}I_2}=284.3°$		$\phi_{U_{12}I_3}=284.3°$

分析过程如下：

（1）做出 PT 二次侧 a 相断线的原理接线图，如图 4-5所示。

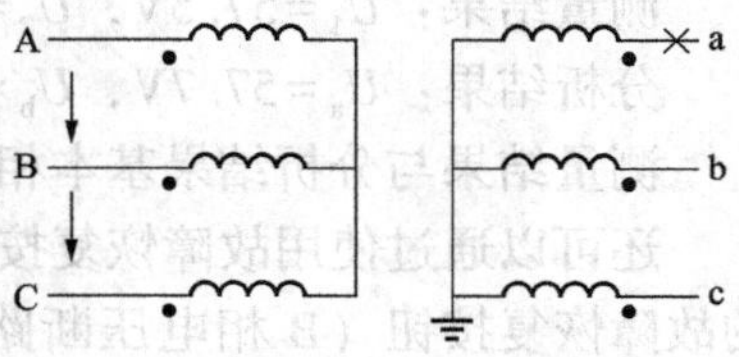

图 4-5　PT 二次侧 a 相断线的原理接线图

（2）通过图 4-5 分析 a 相断线后，PT 二次电压的变化。

1）由于 PT 二次侧 b、c 绕组正常，所以 U_{bc} = 100V，可以推算出 b、c 两相各自的电压：U_b = 57.7V，U_c = 57.7V。

2）由于 PT 二次侧 a 相断线，从图 4-5 中可以看出，U_{ab} = 0V，U_{ca} = 0V，同样可以推出 U_a = 0V。

（3）把分析的结果与表 4-10 中测量的结果对比。

测量结果：U_1 = 0.0V，U_2 = 57.6V，U_3 = 57.5V。

分析结果：U_a = 0V，U_b = 57.7V，U_c = 57.7V。

测量结果与分析结果基本相符合。

还可以通过使用故障恢复按钮的方法对此结论进行验证。具体操作如下：按下操作面板的故障恢复按钮（A 相电压断路恢复），再次测量表 4-10 中的电压，如果 $U_1 \approx U_2 \approx U_3 \approx$ 57.7V，说明故障被恢复，可以判定原接线方式为 PT 二次侧 a 相断线。

（二）PT 二次侧 b 相断线

对仿真装置设置如下：电流为 1.5A，ϕ 为 15°，负载性质是 L（感性）。

测量结果如表 4-11 所示。

表 4-11　　　PT 二次侧 a 相断线时数据统计表

测量数据			
项目	1 元件	2 元件	3 元件
电压	57.5V	0.0V	57.5V
电流	1.49A	1.49A	1.48A
对参考相电压	0.0V	57.6V	99.9V
相位角	$\phi_{U_{12}I_1}$ = 44.6°		$\phi_{U_{32}I_1}$ = 104.5°
	$\phi_{U_{12}I_2}$ = 284.3°		$\phi_{U_{12}I_3}$ = 284.3°

分析过程如下：

（1）做出 PT 二次侧 a 相断线的原理接线图，如图 4-6 所示。

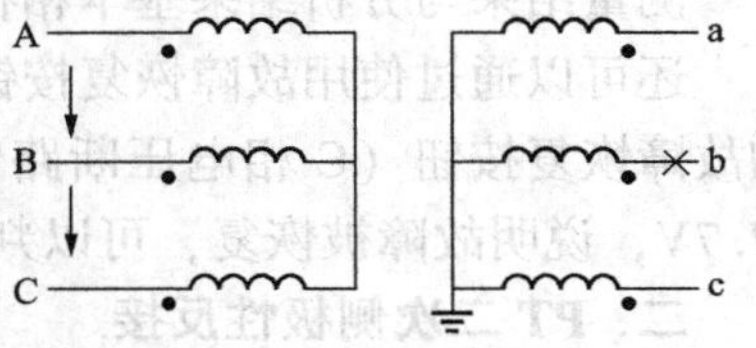

图 4-6　PT 二次侧 b 相断线的原理接线图

（2）通过图 4-6 分析 b 相断线后，PT 二次电压的变化。

1）由于 PT 二次侧 a、c 绕组正常，所以 U_{ac} = 100V，可以推算出 a、c 两相各自的电压：U_a = 57.7V，U_c = 57.7V。

2）由于 PT 二次侧 a 相断线，从图 4-6 中可以看出，U_{ab} = 0V，U_{cb} = 0V，同样可以推出 U_b = 0V。

(3) 把分析的结果与表 4-11 中测量的结果对比。

测量结果：$U_1=57.5V$，$U_2=0.0V$，$U_3=57.5V$。

分析结果：$U_a=57.7V$，$U_b=0$，$U_c=57.7V$。

测量结果与分析结果基本相符合。

还可以通过使用故障恢复按钮的方法对此结论进行验证。具体操作如下：按下操作面板的故障恢复按钮（B 相电压断路恢复），再次测量表 4-11 中的电压，如果 $U_1 \approx U_2 \approx U_3 \approx$ 57.7V，说明故障被恢复，可以判定原接线方式为 PT 二次侧 b 相断线。

(三) PT 二次侧 c 相断线

对仿真装置设置如下：电流为 1.5A，ϕ 为 15°，负载性质是 L（感性）。

测量结果如表 4-12 所示。

表 4-12　　PT 二次侧 a 相断线时数据统计表

测量数据			
项目	1 元件	2 元件	3 元件
电压	57.5V	57.6V	0.0V
电流	1.49A	1.49A	1.48A
对参考相电压	0.0V	99.8V	57.6V
相位角	$\phi_{U_{12}I_1}=44.6°$		$\phi_{U_{32}I_1}=104.5°$
	$\phi_{U_{12}I_2}=284.3°$		$\phi_{U_{12}I_3}=284.3°$

分析过程如下：

(1) 做出 PT 二次侧 c 相断线的原理接线图，如图 4-7 所示。

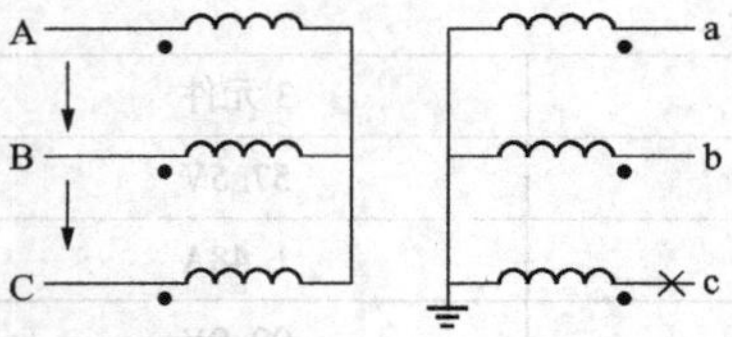

图 4-7　PT 二次侧 c 相断线的原理接线图

(2) 通过图 4-7 分析 c 相断线后，PT 二次电压的变化。

1) 由于 PT 二次侧 a、b 绕组正常，所以 $U_{ab}=100V$，可以推算出 a、b 两相各自的电压：$U_a=57.7V$，$U_b=57.7V$。

2) 由于 PT 二次侧 c 相断线，从图 4-7 中可以看出，$U_{ca}=0V$，$U_{cb}=0V$，同样可以推出 $U_c=0$。

(3) 把分析的结果与表 4-12 中测量的结果对比。

测量结果：$U_1=57.5V$，$U_2=57.6V$，$U_3=0.0V$。

分析结果：$U_a=57.7V$，$U_b=57.7V$，$U_c=0V$。

测量结果与分析结果基本相符合。

还可以通过使用故障恢复按钮的方法对此结论进行验证。具体操作如下：按下操作面板的故障恢复按钮（C 相电压断路恢复），再次测量表 4-12 中的电压，如果 $U_1 \approx U_2 \approx U_3 \approx$ 57.7V，说明故障被恢复，可以判定原接线方式为 PT 二次侧 c 相断线。

二、PT 二次侧极性反接

PT 二次侧极性反接在这里的含义是：电压互感器的二次电压极性接反。A 相指的是二次侧 an 绕组极性接反，B 相指的是二次侧 bn 绕组极性接反，C 相指的是二次侧 cn 绕组极性接反。

正常情况下，电压互感器二次侧的相电压应该为 57.7V，即 $U_{an}=U_{bn}=U_{cn}=57.7V$。如果二次侧出现电压极性接反的故障，二次侧线电压的大小及相位均将发生变化。所以，PT 二次侧极性反接这一类型接线方式的判断，主要通过测量电能表表尾电压值的大小及与电流相位之间的夹角来共同确定。

由于 PT 二次侧极性反接会导致电压与电压、电压与电流之间的夹角均发生变化，所以测量记录时会比较复杂，既可以使用之前惯用的相位角来测试，也可以根据理论的推导，使用相电压与电流之间的夹角来测试。

在这里主要是根据理论的推导，使用相电压与电流之间的夹角来进行测试，学生可以和第一种方法做一下对比。

（一）PT 二次侧 A 相极性反接

对仿真装置设置如下：电流为 1.5A，ϕ 为 15°，负载性质是 L（感性）。

测量结果如表 4-13 所示。

表 4-13　PT 二次侧 A 相极性反接时数据统计表

测量数据			
项目	1 元件	2 元件	3 元件
电压	57.5V	57.6V	57.5V
电流	1.49A	1.49A	1.48A
对参考相电压	0.0V	99.8V	99.9V
相位角	$\phi_{U_1I_1}=195.3°$	$\phi_{U_2I_1}=255.3°$	$\phi_{U_3I_1}=135.3°$
	$\phi_{U_2I_2}=15.3°$	$\phi_{U_3I_3}=15.4°$	—

分析过程如下：

（1）做出 PT 二次侧 A 相极性反接时的二次电压、电流相量图，如图 4-8 所示。

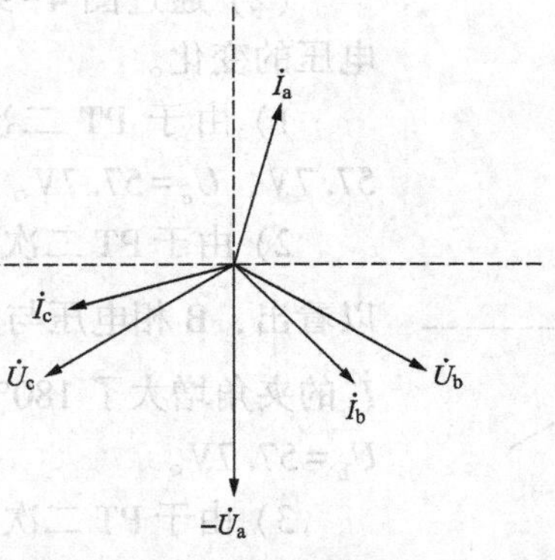

图 4-8　PT 二次侧 A 相极性反接时电压、电流相量图

（2）通过图 4-8 分析 A 相极性反接后，PT 二次电压的变化。

1）由于 PT 二次侧 b、c 绕组正常，所以 $U_b=57.7V$，$U_c=57.7V$。

2）由于 PT 二次侧 an 绕组极性反接，从相量图可以看出，A 相电压与正确接线时方向相反，导致 $\dot{U}_a$ 与 $\dot{I}_a$ 的夹角增大了 180°，但是电压值大小没变化，所以 $U_a=57.7V$。

3）由于 PT 二次侧 an 绕组极性反接，从相量图可以看出，A 相电压与正确接线时方向相反，导致 A 相电压与 B 相电压之间的夹角变为 300°，A 相电压与 C 相电压之间的夹角变为 60°。

4）由于 PT 二次侧 a 绕组极性反接，导致 ca、ab 绕组线电压大小变为与原来的相电压相等，即 $U_{ca}=U_{ab}=57.7V$，且相位也发生了变化，相位的变化通过相位角的测量可以看出。

(3) 把分析的结果与表 4-13 中测量的结果对比。

测量结果：$U_1=57.5V$，$U_2=57.6V$，$U_3=57.5V$，$\phi_{U_1I_1}=195.3°$，$\phi_{U_2I_1}=255.3°$，$\phi_{U_3I_1}=135.3°$。与分析结果基本相符合。

最终判定：接线方式为 PT 二次侧 A 相极性反接。

（二）PT 二次侧 B 相极性反接

对仿真装置设置如下：电流为 1.5A，ϕ 为 15°，负载性质是 L（感性）。

测量结果如表 4-14 所示。

表 4-14　　PT 二次侧 B 相极性反接时数据统计表

测量数据			
项目	1 元件	2 元件	3 元件
电压	57.5V	57.6V	57.5V
电流	1.49A	1.49A	1.48A
对参考相电压	0.0V	57.6V	99.9V
相位角	$\phi_{U_1I_1}=15.3°$	$\phi_{U_2I_1}=75.3°$	$\phi_{U_3I_1}=135.3°$
	$\phi_{U_2I_2}=195.3°$	$\phi_{U_3I_3}=15.4°$	—

分析过程如下：

(1) 做出 PT 二次侧 B 相极性反接时的二次电压、电流相量图，如图 4-9 所示。

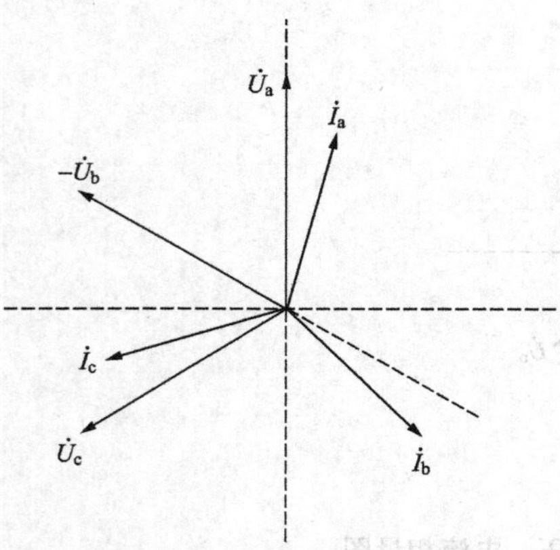

图 4-9　PT 二次侧 B 相极性反接时电压、电流相量图

(2) 通过图 4-9 分析 B 相极性反接后，PT 二次电压的变化。

1）由于 PT 二次侧 a、c 绕组正常，所以 $U_a=57.7V$，$U_c=57.7V$。

2）由于 PT 二次侧 bn 绕组极性反接，从相量图可以看出，B 相电压与正确接线时方向相反，导致 $\dot{U}_b$ 与 $\dot{I}_b$ 的夹角增大了 180°，但是电压值大小没变化，所以 $U_b=57.7V$。

3）由于 PT 二次侧 bn 绕组极性反接，从相量图可以看出，B 相电压与正确接线时方向相反，导致 A 相电压与 B 相电压之间的夹角变为 300°，B 相电压与 C 相电压之间的夹角变为 300°。

4）由于 PT 二次侧 b 绕组极性反接，导致 ab、cb 绕组线电压大小变为与原来的相电压相等，即 $U_{ab}=U_{cb}=57.7V$，且相位也发生了变化，相位的变化通过相位角的测量可以看出。

（3）把分析的结果与表 4-14 中测量的结果对比。

测量结果：$U_1=57.5\text{V}$，$U_2=57.6\text{V}$，$U_3=57.5\text{V}$，$\phi_{U_1I_1}=15.3°$，$\phi_{U_2I_1}=75.3°$，$\phi_{U_3I_1}=135.3°$。与分析结果基本相符合。

最终判定：接线方式为 PT 二次侧 B 相极性反接。

（三）PT 二次侧 C 相极性反接

对仿真装置设置如下：电流为 1.5A，ϕ 为 15°，负载性质是 L（感性）。

测量结果如表 4-15 所示。

表 4-15　　PT 二次侧 C 相极性反接时数据统计表

项目	测量数据		
	1 元件	2 元件	3 元件
电压	57.5V	57.6V	57.5V
电流	1.49A	1.49A	1.48A
对参考相电压	0.0V	99.8V	99.9V
相位角	$\phi_{U_1I_1}=15.3°$	$\phi_{U_2I_1}=255.3°$	$\phi_{U_3I_1}=315.3°$
	$\phi_{U_2I_2}=15.3°$	$\phi_{U_3I_3}=195.4°$	—

分析过程如下：

（1）做出 PT 二次侧 C 相极性反接时的二次电压、电流相量图，如图 4-10 所示。

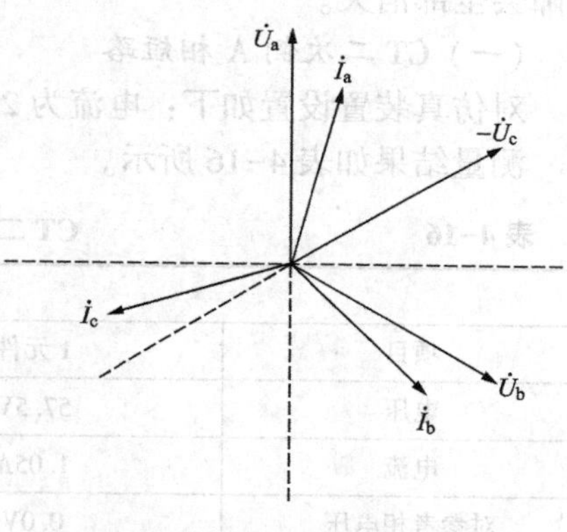

图 4-10　PT 二次侧 C 相极性反接时电压、电流相量图

（2）通过图 4-10 分析 C 相极性反接后，PT 二次电压的变化。

1）由于 PT 二次侧 a、b 绕组正常，所以 $U_a=57.7\text{V}$，$U_b=57.7\text{V}$。

2）由于 PT 二次侧 cn 绕组极性反接，从相量图可以看出，C 相电压与正确接线时方向相反，导致 $\dot{U}_c$ 与 $\dot{I}_c$ 的夹角增大了 180°，但是电压值大小没变化，所以 $U_c=57.7\text{V}$。

3）由于 PT 二次侧 cn 绕组极性反接，从相量图可以看出，C 相电压与正确接线时方向相反，导致 B 相电压与 C 相电压之间的夹角变为 300°，A 相电压与 C 相电压之间的夹角变为 60°。

4）由于 PT 二次侧 c 绕组极性反接，导致 ca、bc 绕组线电压大小变为与原来的相电压相等，即 $U_{ca}=U_{bc}=57.7\text{V}$，且相位也发生了变化，相位的变化通过相位角的测量可以看出。

（3）把分析的结果与表 4-15 中测量的结果对比。

测量结果：$U_1=57.5\text{V}$，$U_2=57.6\text{V}$，$U_3=57.5\text{V}$，$\phi_{U_1I_1}=15.3°$，$\phi_{U_2I_1}=255.3°$，$\phi_{U_3I_1}=315.3°$。与分析结果基本相符合。

最终判定：接线方式为 PT 二次侧 C 相极性反接。

第四节 CT 接线方式

CT 接线方式在这里的含义是：经电流互感器接入电能表的仿真接线装置，电流互感器线路出现故障，二次电流出现改变，包含 CT 二次侧短路、CT 二次侧极性反接和 CT 二次侧开路三大类型。

一、CT 二次侧短路

CT 二次侧短路在这里的含义是：电流互感器的二次侧被短接。电流互感器二次侧短路将对流入电能表的负载电流值的大小产生影响。

流入电能表的负载电流可以由操作者手动设置，一般设置的大小为 1~2A。理论上，如果电流互感器的二次侧被短接，二次电流应该变为 0，但是在实际的测量过程中，会有较小的电流流过，本仿真设备为与 CT 二次侧开路加以区别，特调整故障相二次电流为原有值的一半。CT 二次侧短路这一类型接线方式的判断，主要通过测量电能表表尾电流值的大小来确定。

CT 二次侧短路这一类型的故障，系统开始运行后，在实训人员测量的过程中，可以通过按下操作面板的故障恢复按钮来恢复。所以，实训人员在做出 CT 二次侧短路的判断后，可以通过故障恢复按钮的操作来验证自己的判断是否正确。

需要注意的是：无论故障是否存在，实训人员按下相关的故障恢复按钮后，这种类型的故障会全部消失。

（一）CT 二次侧 A 相短路

对仿真装置设置如下：电流为 2A，ϕ 为 15°，负载性质是 L（感性）。

测量结果如表 4-16 所示。

表 4-16　　CT 二次侧 A 相短路时数据统计表

测量数据			
项目	1 元件	2 元件	3 元件
电压	57.5V	57.6V	57.5V
电流	1.05A	1.99A	1.98A
对参考相电压	0.0V	99.8V	99.9V
相位角	$\phi_{U_{12}I_1}=104.6°$		$\phi_{U_{32}I_1}=164.5°$
	$\phi_{U_{12}I_2}=164.3°$		$\phi_{U_{12}I_3}=284.3°$

分析过程如下：

（1）观察电压和电流值。从表 4-16 的“电压”栏中的显示值可以看出，电压值正常，可以排除电压断相及 PT 二次侧极性反接故障。从表 4-16 的“电流”栏中的显示值可以看出，B、C 相的电流值正常，A 相电流值约为正常值的一半。初步判定为 CT 二次侧 A 相短路。

（2）确定 A 相故障类型。判定方法是：按下操作面板的故障恢复按钮（A 相电流短路恢复），再次测量表 4-16 中的电流值，如果 $I_1 \approx I_2 \approx I_3 \approx 2A$，说明故障被恢复了，可以判定原接线方式为 CT 二次侧 A 相短路；如果数据没有发生变化，则可以考虑原接线方式为 CT

二次侧 A 相开路或者测量仪表本身出现故障的推断。

最终，通过故障恢复按钮的操作及两次测量电流值，可以准确判定 CT 二次侧 A 相短路。

(二) CT 二次侧 B 相短路

对仿真装置设置如下：电流为 2A，ϕ 为 15°，负载性质是 L（感性）。

测量结果如表 4-17 所示。

表 4-17　　CT 二次侧 B 相短路时数据统计表

测量数据			
项目	1 元件	2 元件	3 元件
电压	57.5V	57.6V	57.5V
电流	1.99A	1.09A	1.98A
对参考相电压	0.0V	99.8V	99.9V
相位角	$\phi_{U_{12}I_1}=44.6°$		$\phi_{U_{32}I_1}=104.5°$
	$\phi_{U_{12}I_2}=164.3°$		$\phi_{U_{12}I_3}=284.3°$

分析过程如下：

(1) 观察电压和电流值。从表 4-17 的“电压”栏中的显示值可以看出，电压值正常，可以排除电压断相及 PT 二次侧极性反接故障。从表 4-17 的“电流”栏中的显示值可以看出，A、C 相的电流值正常，B 相电流值约为正常值的一半。初步判定为 CT 二次侧 B 相短路。

(2) 确定 B 相故障类型。判定方法是：按下操作面板的故障恢复按钮（B 相电流短路恢复），再次测量表 4-17 中的电流值，如果 $I_1 \approx I_2 \approx I_3 \approx 2A$，说明故障被恢复了，可以判定原接线方式为 CT 二次侧 B 相短路；如果数据没有发生变化，则可以考虑原接线方式为 CT 二次侧 B 相开路或者测量仪表本身出现故障的推断。

最终，通过故障恢复按钮的操作及两次测量电流值，可以准确判定 CT 二次侧 B 相短路。

(三) CT 二次侧 C 相短路

对仿真装置设置如下：电流为 2A，ϕ 为 15°，负载性质是 L（感性）。

测量结果如表 4-18 所示。

表 4-18　　CT 二次侧 C 相短路时数据统计表

测量数据			
项目	1 元件	2 元件	3 元件
电压	57.5V	57.6V	57.5V
电流	1.99A	1.99A	1.08A
对参考相电压	0.0V	99.8V	99.9V
相位角	$\phi_{U_{12}I_1}=44.6°$		$\phi_{U_{32}I_1}=104.5°$
	$\phi_{U_{12}I_2}=164.3°$		$\phi_{U_{12}I_3}=284.3°$

分析过程如下：

(1) 观察电压和电流值。从表4-18的“电压”栏中的显示值可以看出，电压值正常，可以排除电压断相及PT二次侧极性反接故障。从表4-18的“电流”栏中的显示值可以看出，A、B相的电流值正常，C相电流值约为正常值的一半。初步判定为CT二次侧C相短路。

(2) 确定C相故障类型。判定方法是按下操作面板的故障恢复按钮（C相电流短路恢复），再次测量表4-18中的电流值，如果$I_1 \approx I_2 \approx I_3 \approx 2A$，说明故障被恢复了，可以判定原接线方式为CT二次侧C相短路；如果数据没有发生变化，则可以考虑原接线方式为CT二次侧C相开路或者测量仪表本身出现故障的推断。

最终，通过故障恢复按钮的操作及两次测量电流值，可以准确判定CT二次侧C相短路。

二、CT二次侧极性反接

CT二次侧极性反接在这里的含义是：电流互感器的二次电流极性接反。A相指的是二次侧a相绕组极性接反，B相指的是二次侧b相绕组极性接反，C相指的是二次侧c相绕组极性接反。

正常情况下，通过电流互感器后流入电能表的负载电流可以由操作者手动设置，为了计算方便，在这里设置为2A，即$I_1 = I_2 = I_3 = 2A$。如果二次侧出现电流极性接反的故障，表尾电流的大小及相位均将发生变化。所以，CT二次侧极性反接这一类型接线方式的判断，主要通过测量电能表表尾电流值的大小及电流与电压相位之间的夹角来共同确定。

（一）CT二次侧A相极性反接

对仿真装置设置如下：电流为2A，ϕ为15°，负载性质是L（感性）。

测量结果如表4-19所示。

表4-19　CT二次侧A相极性反接时数据统计表

测量数据			
项目	1元件	2元件	3元件
电压	57.5V	57.6V	57.5V
电流	1.99A	1.99A	1.98A
对参考相电压	0.0V	99.8V	99.9V
相位角	$\phi_{U_{12}I_1}=224.6°$		$\phi_{U_{32}I_1}=284.5°$
	$\phi_{U_{12}I_2}=164.3°$		$\phi_{U_{12}I_3}=284.3°$

分析过程如下：

(1) 做出CT二次侧A相极性反接时的二次电压、电流相量图，如图4-11所示。

(2) 通过图4-11分析A相极性反接后，CT二次电流的变化。

1）由于CT二次侧b、c绕组正常，所以$I_b = 2A$，$I_c = 2A$。

2）由于CT二次侧a绕组极性反接，从相量图可以看出，A相电流与正确接线时方向相反，导致$\dot{U}_a$与$\dot{I}_a$的夹角增大了180°，但是电流值大小没变化，所以$I_a = 2A$。

3）由于 CT 二次侧 a 绕组极性反接，从相量图可以看出，A 相电流与正确接线时方向相反，导致 A 相电流与 B 相电流之间的夹角变为 300°，A 相电流与 C 相电流之间的夹角变为 60°。

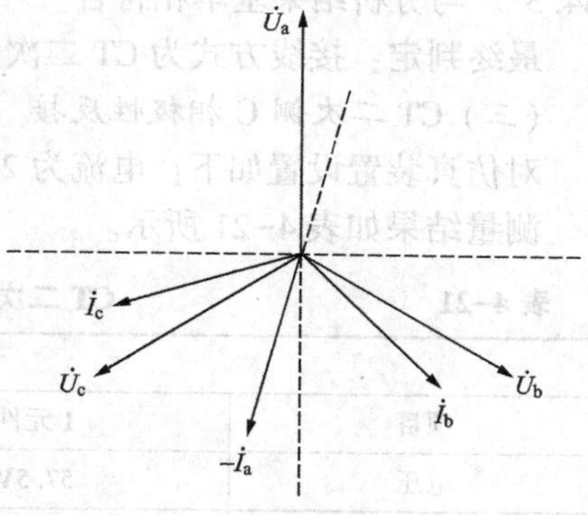

图 4-11　CT 二次侧 A 相极性反接时电压、电流相量图

（3）把分析的结果与表 4-19 中测量的结果对比。

测量结果：$I_1=1.99A$，$I_2=1.99A$，$I_3=1.98A$，$\phi_{U_{12}I_1}=224.6°$，$\phi_{U_{12}I_2}=164.3°$，$\phi_{U_{12}I_3}=284.3°$。与分析结果基本相符合。

最终判定：接线方式为 CT 二次侧 A 相极性反接。

（二）CT 二次侧 B 相极性反接

对仿真装置设置如下：电流为 2A，ϕ 为 15°，负载性质是 L（感性）。

测量结果如表 4-20 所示。

表 4-20　**CT 二次侧 B 相极性反接时数据统计表**

测量数据			
项目	1 元件	2 元件	3 元件
电压	57.5V	57.6V	57.5V
电流	1.99A	1.99A	1.98A
对参考相电压	0.0V	99.8V	99.9V
相位角	$\phi_{U_{12}I_1}=44.6°$		$\phi_{U_{32}I_1}=104.5°$
	$\phi_{U_{12}I_2}=344.3°$		$\phi_{U_{12}I_3}=284.3°$

分析过程如下：

（1）做出 CT 二次侧 B 相极性反接时的二次电压、电流相量图，如图 4-12 所示。

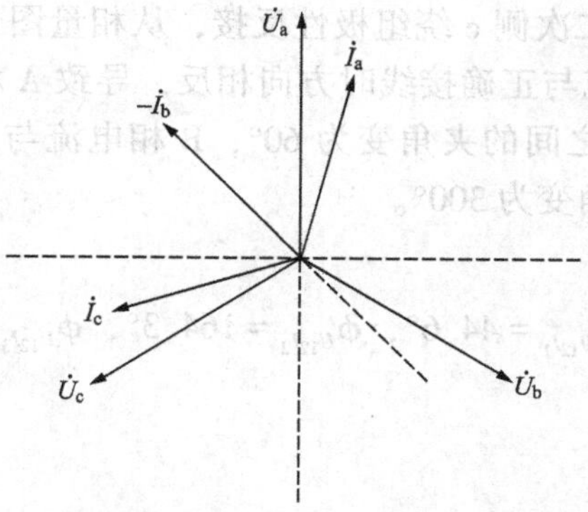

图 4-12　CT 二次侧 B 相极性反接时电压、电流相量图

（2）通过图 4-12 分析 B 相极性反接后，CT 二次电流的变化。

1）由于 CT 二次侧 a、c 绕组正常，所以 $I_a=2A$，$I_c=2A$。

2）由于 CT 二次侧 b 绕组极性反接，从相量图可以看出，B 相电流与正确接线时方向相反，导致 $\dot{U}_b$ 与 $\dot{I}_b$ 的夹角增大了 180°，但是电流值大小没变化，所以 $I_b=2A$。

3）由于 CT 二次侧 b 绕组极性反接，从相量图可以看出，B 相电流与正确接线时方向相反，导致 A 相电流与 B 相电流之间的夹角变为 300°，B 相电流与 C 相电流之间的夹角变为 300°。

（3）把分析的结果与表 4-20 中测量的结果对比。

测量结果：$I_1=1.99A$，$I_2=1.99A$，$I_3=1.98A$，$\phi_{U_{12}I_1}=44.6°$，$\phi_{U_{12}I_2}=344.3°$，$\phi_{U_{12}I_3}=$

284.3°。与分析结果基本相符合。

最终判定：接线方式为 CT 二次侧 B 相极性反接。

（三）CT 二次侧 C 相极性反接

对仿真装置设置如下：电流为 2A，ϕ 为 15°，负载性质是 L（感性）。

测量结果如表 4-21 所示。

表 4-21　CT 二次侧 C 相极性反接时数据统计表

测量数据			
项目	1 元件	2 元件	3 元件
电压	57.5V	57.6V	57.5V
电流	1.99A	1.99A	1.98A
对参考相电压	0.0V	99.8V	99.9V
相位角	$\phi_{U_{12}I_1}=44.6°$		$\phi_{U_{32}I_1}=104.5°$
	$\phi_{U_{12}I_2}=164.3°$		$\phi_{U_{12}I_3}=104.3°$

分析过程如下：

（1）做出 CT 二次侧 C 相极性反接时的二次电压、电流相量图，如图 4-13 所示。

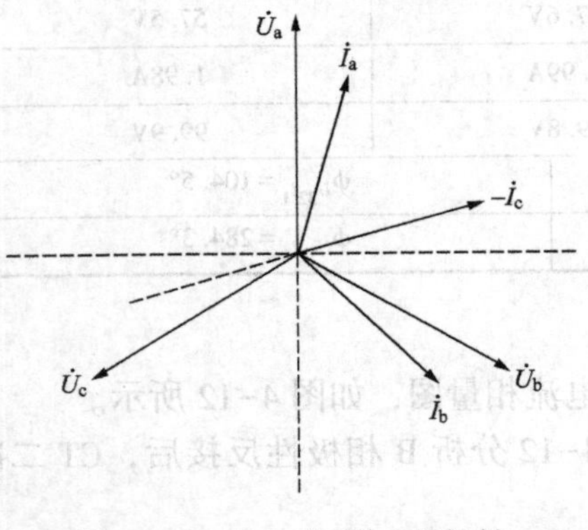

图 4-13　CT 二次侧 C 相极性反接时电压、电流相量图

（2）通过图 4-13 分析 C 相极性反接后，CT 二次电流的变化。

1）由于 CT 二次侧 a、b 绕组正常，所以 $I_a=2A$，$I_b=2A$。

2）由于 CT 二次侧 c 绕组极性反接，从相量图可以看出，C 相电流与正确接线时方向相反，导致 $\dot{U}_c$ 与 $\dot{I}_c$ 的夹角增大了 180°，但是电流值大小没变化，所以 $I_c=2A$。

3）由于 CT 二次侧 c 绕组极性反接，从相量图可以看出，C 相电流与正确接线时方向相反，导致 A 相电流与 C 相电流之间的夹角变为 60°，B 相电流与 C 相电流之间的夹角变为 300°。

（3）把分析的结果与表 4-21 中测量的结果对比。

测量结果：$I_1=1.99A$，$I_2=1.99A$，$I_3=1.98A$，$\phi_{U_{12}I_1}=44.6°$，$\phi_{U_{12}I_2}=164.3°$，$\phi_{U_{12}I_3}=104.3°$。与分析结果基本相符合。

最终判定：接线方式为 CT 二次侧 C 相极性反接。

三、CT 二次侧开路

由于现场运行中，电流互感器二次绕组是不允许开路的，否则二次绕组会出现峰值达数千伏的高电压，危及人身安全，损坏仪表和设备的绝缘，而且二次绕组如果开路，那么一次电流就会全部用来励磁，会造成铁芯饱和发热甚至严重变形，损坏设备。所以，在这里 CT 二次侧开路指的是通过软件模拟电流互感器二次侧断开的情况，这种情况不影响操作训练，也不会对系统和实训人员造成危害。

人为设置CT二次侧开路与系统在运行时，由于意外情况而出现CT二次侧开路故障之间是有本质区别的，它们显著的区别在于：操作人员通过软件设置CT二次侧开路时，电源报警信息中相应电流相会出现红色示警，但是系统不会语音告警，也不会自动关闭电源；系统本身由于意外情况导致出现CT二次侧开路故障时，系统自动关闭电源，软件界面与之相关的某相或某几相的电流报警信息空白框内出现红色示警，同时装置的语音系统告警提示具体故障的地点。

电流互感器二次侧开路将对流入电能表电流值的大小产生影响。CT二次侧开路这一类型接线方式的判断，主要是通过测量电能表表尾电流值的大小来确定的。CT二次侧开路，流入电能表的电流值理论上等于零。

CT二次侧短路这一类型的故障，系统开始运行后，在实训人员测量的过程中，可以通过按下操作面板的故障恢复按钮来恢复。所以，实训人员在做出CT二次侧短路的判断后，可以通过故障恢复按钮的操作来验证自己的判断是否正确。

需要注意的是：无论故障是否存在，实训人员按下相关的故障恢复按钮后，这种类型的故障会全部消失。

(一) CT二次侧A相开路

对仿真装置设置如下：电流为2A，ϕ为15°，负载性质是L（感性）。

测量结果如表4-22所示。

表4-22　　CT二次侧A相开路时数据统计表

测量数据			
项目	1元件	2元件	3元件
电压	57.5V	57.6V	57.5V
电流	0.00A	1.99A	1.98A
对参考相电压	0.0V	99.8V	99.9V
相位角	$\phi_{U_{12}I_1}=0.0°$		$\phi_{U_{32}I_1}=0.0°$
	$\phi_{U_{12}I_2}=164.3°$		$\phi_{U_{12}I_3}=284.3°$

分析过程如下：

(1) 观察电压和电流值。从表4-22的“电压”“电流”栏中的显示值可以看出，装置的电压和B、C相的电流值都是正常的，但是A相电流值为0，初步判定为CT二次侧A相开路。

注意，如果操作人员选用测试电流的仪器准确度等级非常高的话，可能A相电流的测量结果不为0A，约0.04A。

(2) 确定A相故障类型。判定方法是按下操作面板的故障恢复按钮（A相电流开路恢复），再次测量表4-22中的电流值，如果$I_1 \approx I_2 \approx I_3 \approx 2A$，说明故障被恢复了，可以判定原接线方式为CT二次侧A相开路。

最终，通过故障恢复按钮的操作及两次测量电流值，可以准确判定CT二次侧A相开路。

(二) CT二次侧B相开路

对仿真装置设置如下：电流为2A，ϕ为15°，负载性质是L（感性）。

测量结果如表 4–23 所示。

表 4–23 **CT 二次侧 B 相开路时数据统计表**

测量数据				
项目	1 元件		2 元件	3 元件
电压	57.5V		57.6V	57.5V
电流	1.99A		0.00A	1.98A
对参考相电压	0.0V		99.8V	99.9V
相位角	$\phi_{U_{12}I_1}=44.6°$		$\phi_{U_{32}I_1}=104.5°$	
	$\phi_{U_{12}I_2}=0.0°$		$\phi_{U_{12}I_3}=284.3°$	

分析过程如下：

（1）观察电压和电流值。从表 4–23 的“电压”“电流”栏中的显示值可以看出，装置的电压和 A、C 相的电流值都是正常的，但是 B 相电流值为 0，初步判定为 CT 二次侧 B 相开路。

需要注意的是：如果操作人员选用测试电流的仪器准确度等级非常高的话，可能 B 相电流的测量结果不为 0A，约 0.04A。

（2）确定 B 相故障类型。判定方法是按下操作面板的故障恢复按钮（B 相电流开路恢复），再次测量表 4–23 中的电流值，如果 $I_1 \approx I_2 \approx I_3 \approx 2A$，说明故障被恢复了，可以判定原接线方式为 CT 二次侧 B 相开路。

最终，通过故障恢复按钮的操作及两次测量电流值，可以准确判定 CT 二次侧 B 相开路。

（三）CT 二次侧 C 相开路

对仿真装置设置如下：电流为 2A，ϕ 为 15°，负载性质是 L（感性）。

测量结果如表 4–24 所示。

表 4–24 **CT 二次侧 C 相开路时数据统计表**

测量数据				
项目	1 元件		2 元件	3 元件
电压	57.5V		57.6V	57.5V
电流	1.99A		1.99A	0.00A
对参考相电压	0.0V		99.8V	99.9V
相位角	$\phi_{U_{12}I_1}=44.6°$		$\phi_{U_{32}I_1}=104.5°$	
	$\phi_{U_{12}I_2}=164.3°$		$\phi_{U_{12}I_3}=0.0°$	

分析过程如下：

（1）观察电压和电流值。从表 4–24 的“电压”“电流”栏中的显示值可以看出，装置的电压和 A、B 相的电流值都是正常的，但是 C 相电流值为 0，初步判定为 CT 二次侧 C 相开路。

需要注意的是：如果操作人员选用测试电流的仪器准确度等级非常高的话，可能 C 相电流的测量结果不为 0A，约 0.04A。

（2）确定C相故障类型。判定方法是按下操作面板的故障恢复按钮（C相电流开路恢复），再次测量表4-24中的电流值，如果$I_1 \approx I_2 \approx I_3 \approx 2A$，说明故障被恢复了，可以判定原接线方式为CT二次侧C相开路。

最终，通过故障恢复按钮的操作及两次测量电流值，可以准确判定CT二次侧C相开路。

第五节　表尾电流进出反接

表尾电流进出反接在这里的含义是：三相四线电能表测量元件内的电流进线与出线接反，也就是说，电流会从电能表的电流出线端流入，从电能表的电流进线端流出。软件操作界面中“一元件”指的是前面所说三相四线电能表的1元件，“二元件”指的是前面所说三相四线电能表的2元件，“三元件”指的是前面所说的三相四线电能表的3元件。

如果出现表尾电流进出反接，那么流入电能表的实际电流方向就发生了改变，电压与电流之间的相位角也将发生变化。

这里发现表尾电流进出反接导致的结果与电流互感器二次侧极性反接很像。为了对这两种不同的接线方式加以区别，只有分析两者其他方面的差异。考虑到电流流过导线时会产生电压降，那么表尾如果接线没有发生错误，电能表表尾进线与零线之间应该存在电压差。所以，表尾电流进出反接这一类型接线方式的判断，主要是通过测量电能表表尾电压、电流相位之间的夹角和测量电流进线端、出线端与参考相之间的电压差共同来确定的。

一、一元件表尾电流进出反接

对仿真装置设置如下：电流为2A，ϕ为15°，负载性质是L（感性）。

测量结果如表4-25所示。

表4-25　　一元件表尾电流进出反接时数据统计表

项目	测量数据		
	1元件	2元件	3元件
电压	57.5V	57.6V	57.5V
电流	1.99A	1.99A	1.98A
对参考相电压	0.0V	99.8V	99.9V
相位角	$\phi_{U_{12}I_1}=224.6°$		$\phi_{U_{32}I_1}=284.5°$
	$\phi_{U_{12}I_2}=164.3°$		$\phi_{U_{12}I_3}=284.3°$

分析过程如下：

（1）观察电压和电流值。从表4-25的“电压”“电流”“对参考相电压”栏中的显示值可以看出，电压和电流值均正常，可以排除断相、短路以及PT二次侧极性反接这些类型的故障。

（2）观察相位角。从表4-25的“相位角”栏中的显示值可以看出，I_1出现异常，与正常值相比，相差180°。在电压相序已经确定的前提下，经过对相位角的分析，可以判断出A相电流出现了反向。

（3）分别测量A相电流进线端子、出线端子与参考相之间的电压差，测量结果如表4-26

所示。

表 4-26 一元件表尾电流进出反接时电压差数据统计表

电压差	测量数据	
	1 元件进线端子	1 元件出线端子
零线	0.0V	0.2V

电流流过导线将产生电压降，所以电流流出端与应该与零线等电位，而电流流入端应该与零线之间存在一定的电压差。与零线等电位的电流端子应该是实际电流的流出端。

把分析的结果与表 4-26 中测量的结果对比。

测量结果：$U_{1入0}=0.0V$，$U_{1出0}=0.2V$。与分析结果基本相符合。

最终判定：接线方式为一元件表尾电流进出反接。

二、二元件表尾电流进出反接

对仿真装置设置如下：电流为 2A，ϕ 为 15°，负载性质是 L（感性）。

测量结果如表 4-27 所示。

表 4-27 二元件表尾电流进出反接时数据统计表

项目	测量数据		
	1 元件	2 元件	3 元件
电压	57.5V	57.6V	57.5V
电流	1.99A	1.99A	1.98A
对参考相电压	0.0V	99.8V	99.9V
相位角	$\phi_{U_{12}I_1}=44.6°$		$\phi_{U_{32}I_1}=104.5°$
	$\phi_{U_{12}I_2}=344.3°$		$\phi_{U_{12}I_3}=284.3°$

分析过程如下：

（1）观察电压和电流值。从表 4-27 的“电压”“电流”“对参考相电压”栏中的显示值可以看出，电压和电流值均正常，可以排除断相、短路以及 PT 二次侧极性反接这些类型的故障。

（2）观察相位角。从表 4-27 的“相位角”栏中的显示值可以看出，I_2出现异常，与正常值相差 180°。在电压相序已经确定的前提下，可以判断出 B 相电流出现了反向。

（3）分别测量 B 相电流进线端子、出线端子与参考相之间的电压差，测量结果如表 4-28 所示。

表 4-28 二元件表尾电流进出反接时电压差数据统计表

电压差	测量数据	
	2 元件进线端子	2 元件出线端子
零线	0.0V	0.2V

电流流过导线将产生电压降，所以电流流出端与应该与零线等电位，而电流流入端应该与零线之间存在一定的电压差。与零线等电位的电流端子应该是实际电流的流出端。

把分析的结果与表 4-28 中测量的结果对比。

测量结果：$U_{2入0}=0.0V$，$U_{2出0}=0.2V$。与分析结果基本相符合。

最终判定：接线方式为二元件表尾电流进出反接。

三、三元件表尾电流进出反接

对仿真装置设置如下：电流为 2A，ϕ 为 15°，负载性质是 L（感性）。

测量结果如表 4-29 所示。

表 4-29　　三元件表尾电流进出反接时数据统计表

测量数据			
项目	1 元件	2 元件	3 元件
电压	57.5V	57.6V	57.5V
电流	1.99A	1.99A	1.98A
对参考相电压	0.0V	99.8V	99.9V
相位角	$\phi_{U_{12}I_1}=44.6°$		$\phi_{U_{32}I_1}=104.5°$
	$\phi_{U_{12}I_2}=164.3°$		$\phi_{U_{12}I_3}=104.3°$

分析过程如下：

（1）观察电压和电流值。从表 4-29 的“电压”“电流”“对参考相电压”栏中的显示值可以看出，电压和电流值均正常，可以排除断相、短路以及 PT 二次侧极性反接这些类型的故障。

（2）观察相位角。从表 4-29 的“相位角”栏中的显示值可以看出，I_3 出现异常，与正常值相比，相差了 180°。在电压相序已经确定的前提下，经过对相位角的分析，可以判断出 C 相电流出现了反向。

（3）分别测量 C 相电流进线端子、出线端子与参考相之间的电压差，测量结果如表 4-30 所示。

表 4-30　　三元件表尾电流进出反接时电压差数据统计表

测量数据		
电压差	3 元件进线端子	3 元件出线端子
零线	0.0V	0.2V

电流流过导线将产生电压降，所以电流流出端与应该与零线等电位，而电流流入端应该与零线之间存在一定的电压差。与零线等电位的电流端子应该是实际电流的流出端。

把分析的结果与表 4-30 中测量的结果对比。

测量结果：$U_{3入0}=0.0V$，$U_{3出0}=0.2V$。与分析结果基本相符合。

最终判定：接线方式为三元件表尾电流进出反接。

第六节　电流错接相

电流错接相在这里的含义是：电源流入三相电能表内测量元件的具体电流相别。由于三相四线电能表由三个元件组成，所以此项接线类型表示为三个电流，第一个电流为流入 1 元件的电流，第二个电流为流入 2 元件的电流，第三个电流为流入 3 元件的电流。

电流错接相这一类型接线方式的判断，主要是通过测量电能表表尾电压与电流之间的相位角来确定的。

这里做出相序正常时的电压、电流相量图，如图 4-14 所示。

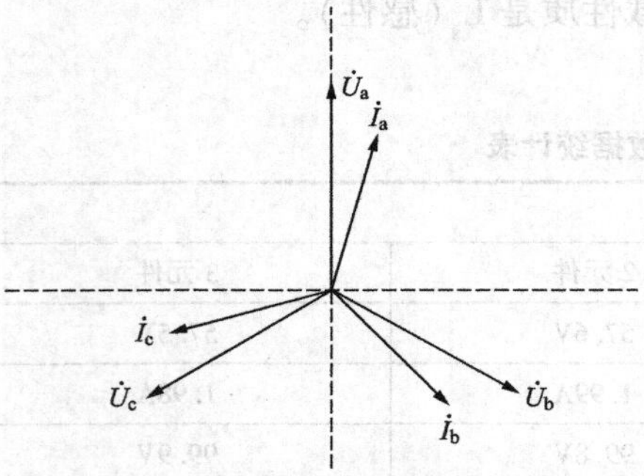

图 4-14 正常接线时电压、电流相量图

通过观察图 4-14，假设三相电压与三相负载均对称，那么在正确接线的状态下，可以得出以下结论：

$\dot{U}_a$ 超前 $\dot{I}_a$ 的角度为 ϕ，$\dot{U}_b$ 超前 $\dot{I}_b$ 的角度为 ϕ，$\dot{U}_c$ 超前 $\dot{I}_c$ 的角度为 ϕ，$\dot{U}_a$ 超前 $\dot{I}_b$ 的角度为 120°+ϕ，$\dot{U}_a$ 超前 $\dot{I}_c$ 的角度为 240°+ϕ，$\dot{U}_b$ 超前 $\dot{I}_a$ 的角度为 240°+ϕ，$\dot{U}_c$ 超前 $\dot{I}_b$ 的角度为 120°+ϕ，$\dot{U}_c$ 超前 $\dot{I}_a$ 的角度为 120°+ϕ，$\dot{U}_c$ 超前 $\dot{I}_b$ 的角度为 240°+ϕ。

这里对观察图 4-14 得到的结论进行整理和分析，得出的电压与电流相位之间夹角的结论，如表 4-31 所示。

表 4-31　　正确接线时相位角推论数据统计表

相量图推论			
电压电压超前电流的角度	$\dot{I}_a$	$\dot{I}_b$	$\dot{I}_c$
$\dot{U}_a$	ϕ	120°+ϕ	240°+ϕ
$\dot{U}_b$	240°+ϕ	ϕ	120°+ϕ
$\dot{U}_c$	120°+ϕ	240°+ϕ	ϕ

如果在已知电压相序没有错误的情况下，通过测量未知电流相量与已确认的电压相量之间的夹角，根据表 4-31 中得出的结论就可以推断出接入电能表的未知电流的具体相别。考虑与表中数据对比方便，并且判定电压相序已经熟练，所以在以下内容的分析中，相位角部分直接测量相电压与相电压、相电压与电流之间的夹角。

电流错接相的方式有 6 种，分别为 $I_aI_bI_c$、$I_bI_cI_a$、$I_cI_aI_b$、$I_aI_cI_b$、$I_cI_bI_a$、$I_bI_aI_c$。下面对这 6 种表尾电压接线分别进行详细地分析。

一、电流错接相 $I_aI_bI_c$

对仿真装置设置如下：电流为 1.5A，ϕ 为 15°，负载性质是 L（感性）。

测量结果如表 4-32 所示。

表 4-32　　电流错接相 $I_aI_bI_c$ 时数据统计表

测量数据			
项目	1 元件	2 元件	3 元件
电压	57.7V	57.5V	57.6V
电流	1.49A	1.46A	1.48A
对参考相电压	0.0V	99.8V	99.9V
相位角	$\phi_{U_1U_2}=120°$，$\phi_{U_1U_3}=240°$		
	$\phi_{U_1I_1}=15.3°$，$\phi_{U_1U_2}=135.3°$，$\phi_{U_1I_3}=255.3°$		

分析过程如下：

（1）观察电压和电流值。从表4-32的“电压”“电流”“对参考相电压”栏中的显示值可以看出，电压和电流值均正常，排除断相、短路及PT二次侧极性反接故障。

（2）观察相位角。在已经正确判断电压为正确相序的前提下，带入表4-32的相位角中，可以得到电压、电流之间的夹角为：$\phi_{U_1I_1}=15.3°$，$\phi_{U_1I_2}=135.3°$，$\phi_{U_1I_3}=255°$。

（3）数据对比判断。已知ϕ为15°，带入表4-31，整理数据。把整理后的数据与第二步测量的结果进行对比，可以判断出，接入电能表1元件的电流为A相电流，接入电能表2元件的电流为B相电流，接入电能表3元件的电流为C相电流。

最终可以判定：三相四线电能表的电流接线方式为$I_aI_bI_c$。

二、电流错接相$I_bI_cI_a$

对仿真装置设置如下：电流为1.5A，ϕ为15°，负载性质是L（感性）。

测量结果如表4-33所示。

表4-33　**电流错接相$I_bI_cI_a$时数据统计表**

测量数据			
项目	1元件	2元件	3元件
电压	57.7V	57.5V	57.6V
电流	1.49A	1.46A	1.48A
对参考相电压	0.0V	99.8V	99.9V
相位角	$\phi_{U_1U_2}=120°$，$\phi_{U_1U_2}=240°$		
	$\phi_{U_1I_1}=135.3°$，$\phi_{U_1I_2}=255.3°$，$\phi_{U_1I_3}=15.3°$		

分析过程如下：

（1）观察电压和电流值。从表4-33的“电压”“电流”“对参考相电压”栏中的显示值可以看出，电压和电流值均正常，排除断相、短路及PT二次侧极性反接故障。

（2）观察相位角。在已经正确判断电压为正确相序的前提下，带入表4-33的相位角中，可以得到电压、电流之间的夹角为：$\phi_{U_1I_1}=135.3°$，$\phi_{U_1I_2}=255.3°$，$\phi_{U_1I_3}=15.3°$。

（3）数据对比判断。已知ϕ为15°，带入表4-31，整理数据。把整理后的数据与第二步测量的结果进行对比，可以判断出，接入电能表1元件的电流为B相电流，接入电能表2元件的电流为C相电流，接入电能表3元件的电流为A相电流。

最终可以判定：三相四线电能表的电流接线方式为$I_bI_cI_a$。

三、电流错接相$I_cI_aI_b$

对仿真装置设置如下：电流为1.5A，ϕ为15°，负载性质是L（感性）。

测量结果如表4-34所示。

表4-34　**电流错接相$I_cI_aI_b$时数据统计表**

测量数据			
项目	1元件	2元件	3元件
电压	57.7V	57.5V	57.6V
电流	1.49A	1.46A	1.48A

续表

测量数据			
对参考相电压	0.0V	99.8V	99.9V
相位角	$\phi_{U_1U_2}=120°$，$\phi_{U_1U_3}=240°$		
	$\phi_{U_1I_1}=255.3°$，$\phi_{U_1I_2}=15.3°$，$\phi_{U_1I_3}=135.3°$		

分析过程如下：

（1）观察电压和电流值。从表4-34的“电压”“电流”“对参考相电压”栏中的显示值可以看出，电压和电流值均正常，排除断相、短路及PT二次侧极性反接故障。

（2）观察相位角。在已经正确判断电压为正确相序的前提下，带入表4-34的相位角中，可以得到电压、电流之间的夹角为：$\phi_{U_1I_1}=255.3°$，$\phi_{U_1I_2}=15.3°$，$\phi_{U_1I_3}=135.3°$。

（3）数据对比判断。已知ϕ为15°，带入表4-31，整理数据。把整理后的数据与第二步测量的结果进行对比，可以判断出，接入电能表1元件的电流为C相电流，接入电能表2元件的电流为A相，接入电能表3元件的电流为B相电流。

最终可以判定：三相四线电能表的电流接线方式为$I_cI_aI_b$。

四、电流错接相$I_aI_cI_b$

对仿真装置设置如下：电流为1.5A，ϕ为15°，负载性质是L（感性）。

测量结果如表4-35所示。

表4-35　电流错接相$I_aI_cI_b$时数据统计表

测量数据			
项目	1元件	2元件	3元件
电压	57.7V	57.5V	57.6V
电流	1.49A	1.46A	1.48A
对参考相电压	0.0V	99.8V	99.9V
相位角	$\phi_{U_1U_2}=120°$，$\phi_{U_1U_3}=240°$		
	$\phi_{U_1I_1}=15.3°$，$\phi_{U_1I_2}=255.3°$，$\phi_{U_1I_3}=135.3°$		

分析过程如下：

（1）观察电压和电流值。从表4-35的“电压”“电流”“对参考相电压”栏中的显示值可以看出，电压和电流值均正常，排除断相、短路及PT二次侧极性反接故障。

（2）观察相位角。在已经正确判断电压为正确相序的前提下，带入表4-35的相位角中，可以得到电压、电流之间的夹角为：$\phi_{U_1I_1}=15.3°$，$\phi_{U_1I_2}=255.3°$，$\phi_{U_1I_3}=135.3°$。

（3）数据对比判断。已知ϕ为15°，带入表4-31，整理数据。把整理后的数据与第二步测量的结果进行对比，可以判断出，接入电能表1元件的电流为A相电流，接入电能表2元件的电流为C相，接入电能表3元件的电流为B相电流。

最终可以判定：三相四线电能表的电流接线方式为$I_aI_cI_b$。

五、电流错接相$I_cI_bI_a$

对仿真装置设置如下：电流为1.5A，ϕ为15°，负载性质是L（感性）。

测量结果如表4-36所示。

表 4-36 电流错接相 $I_cI_bI_a$ 时数据统计表

测量数据			
项目	1 元件	2 元件	3 元件
电压	57.7V	57.5V	57.6V
电流	1.49A	1.46A	1.48A
对参考相电压	0.0V	99.8V	99.9V
相位角	$\phi_{U_1U_2}=120°$，$\phi_{U_1U_3}=240°$		
	$\phi_{U_1I_1}=255.3°$，$\phi_{U_1I_2}=135.3°$，$\phi_{U_1I_3}=15.3°$		

分析过程如下：

(1) 观察电压和电流值。从表 4-36 的“电压”“电流”“对参考相电压”栏中的显示值可以看出，电压和电流值均正常，排除断相、短路及 PT 二次侧极性反接故障。

(2) 观察相位角。在已经正确判断电压为正确相序的前提下，带入表 4-36 的相位角中，可以得到电压、电流之间的夹角为：$\phi_{U_1I_1}=255.3°$，$\phi_{U_1I_2}=135.3°$，$\phi_{U_1I_3}=15.3°$。

(3) 数据对比判断。已知 ϕ 为 15°，带入表 4-31，整理数据。把整理后的数据与第二步测量的结果进行对比，可以判断出，接入电能表 1 元件的电流为 C 相电流，接入电能表 2 元件的电流为 B 相电流，接入电能表 3 元件的电流为 A 相电流。

最终可以判定：三相四线电能表的电流接线方式为 $I_cI_bI_a$。

六、电流错接相 $I_bI_aI_c$

对仿真装置设置如下：电流为 1.5A，ϕ 为 15°，负载性质是 L（感性）。

测量结果如表 4-37 所示。

表 4-37 电流错接相 $I_bI_aI_c$ 时数据统计表

测量数据			
项目	1 元件	2 元件	3 元件
电压	57.7V	57.5V	57.6V
电流	1.49A	1.46A	1.48A
对参考相电压	0.0V	99.8V	99.9V
相位角	$\phi_{U_1U_2}=120°$，$\phi_{U_1U_3}=240°$		
	$\phi_{U_1I_1}=135.3°$，$\phi_{U_1I_2}=15.3°$，$\phi_{U_1I_3}=255.3°$		

分析过程如下：

(1) 观察电压和电流值。从表 4-37 的“电压”“电流”“对参考相电压”栏中的显示值可以看出，电压和电流值均正常，排除断相、短路及 PT 二次侧极性反接故障。

(2) 观察相位角。在已经正确判断电压为正确相序的前提下，带入表 4-37 的相位角中，可以得到电压、电流之间的夹角为：$\phi_{U_1I_1}=135.3°$，$\phi_{U_1I_2}=15.3°$，$\phi_{U_1I_3}=255.3°$。

(3) 数据对比判断。已知 ϕ 为 15°，带入表 4-31，整理数据。把整理后的数据与第二步测量的结果进行对比，可以判断出，接入电能表 1 元件的电流为 B 相电流，接入电能表 2 元件的电流为 A 相电流，接入电能表 3 元件的电流为 C 相电流。

最终可以判定：三相四线电能表的电流接线方式为 $I_bI_aI_c$。

课后习题

1. 尾电压接线的方式一共有几种？如何判断？

2. PT一次断相这一类型的故障一旦设置完成，在系统开始运行后实训人员测量的过程中，是否可以通过软件操作恢复？

3. PT二次断相这一类型的故障一旦设置完成，在系统开始运行后实训人员测量的过程中，是否可以通过软件操作恢复？

4. PT二次侧极性反接是如何判断的？

5. CT二次侧短路这一类型的故障一旦设置完成，在系统开始运行后实训人员测量的过程中，是否可以通过软件操作恢复？

6. CT二次侧开路这一类型的故障一旦设置完成，在系统开始运行后实训人员测量的过程中，是否可以通过软件操作恢复？

7. CT二次侧极性反接是如何判断的？

8. 表尾电流进出反接是如何判断的？

9. 电流错接相的方式一共有几种？如何判断？

第五章 综合故障排查方法及系统常见故障处理

第一节 三相三线电能计量装置误接线故障的排查

与仿真接线系统的软件相结合，这里把三相三线电能计量装置的常见的故障类型详细划分为：表尾电压接线、PT一次断相、PT二次断相、PT二次极性反接、CT二次短路、CT二次极性反接、CT二次开路、表尾电流进出反接和电流错接相。

一般系统中只出现一种类型的故障时，称之为单一类型故障；系统中同时存在两种及以上类型的故障时，称之为复合类型故障。

通过前文介绍得知，很多类型故障的查找前提是已知一些特定的条件，一旦工作人员对前期故障的判断出现失误，就会导致对这些特定条件的推断出现错误，则后期所有故障的查找和判断就无法保证了。所以，当系统中存在复合故障的时候，对于排查故障的工作人员来说，故障的查找顺序尤为重要。下面详细介绍一下三相三线电能计量装置误接线故障的排查顺序。

一、误接线故障的排查顺序

通过前文对单一类型故障具体分析及排查方法的学习，并结合WT-F24型电能表接线智能仿真系统本身的特点，这里推荐三相三线电能计量装置误接线故障的排查顺序如下：

（1）参数的测量。对接线装置的电压、电流及相位角等相关参数进行初步的测量，获得原始数据，并将测量结果填写后保存。保存初次测量原始数据的目的在于，将它作为一个基准，用于与以后测量的数据进行对比分析。一般实训填写数据时可以使用附录A中的表格，但是为了对不同的实训台、不同的实训人员及不同的实训场次测量的数据进行区别，推荐使用附录D和附录E两种原始数据测量表，方便实训人员随时记录，同时规范实训人员的记录习惯。附录D和附录E一般作为平时实训练习时填写原始数据的表格，附录F一般作为实训测验时填写原始数据的表格。

（2）判断电压接线有无断线故障。判断电压接线是否存在断线故障的方法有两种，一种方法是通过前章使用表格（附录A）中的“电压”项目判断；另一种方法是通过上述表格中的“对地电压”项目判断。

1）通过“电压”项目判断法。观察电压值，通过附录A中“电压”栏中的三个元件的显示值可以看出电压接线有无断线的故障。

如果在“电压”栏中，三个元件的测量值均近似于100V，那么可以判定：在系统中，电压接线不存在断线的故障。在这种情况出现的时候，就可以略过第三、第四、第五步，直接进行第六步的检查。

如果在“电压”栏中，出现了元件的测量值远远大于100V的情况，那么可以判定：在系统中，电压接线存在极性反接的故障。在这种情况出现的时候，就可以略过第三、第四步，直接进行第五步的检查。

如果在“电压”栏中，出现某一个或几个的测量值远远低于100V，那么可以判定：在系统中，电压接线存在断线的故障。在这种情况出现的时候，就可以接着进行第三步的检查。

2）通过“对地电压”项目判断法。观察电压值，从附录A的“对地电压”栏中的三个元件的显示值可以看出电压接线有无断线的故障。

如果在“对地电压”栏中，两个元件的测量值均近似于100V，一个元件的测量值均近似于0，那么可以判定：在系统中，电压接线不存在断线的故障。在这种情况出现的时候，就可以略过第三、第四、第五步，直接进行第六步的检查。

如果在“对地电压”栏中，出现某一个测量值既不近似于100V，又不近似于0，那么可以判定：在系统中，电压接线存在断线的故障，而且可以判断电压值既不近似100V又不近似于0的那一相为实际的B相。在这种情况出现的时候，就可以继续对照进行第三步的检查。

在实际操作中，这两种方法一般共同使用，第二种判别方法作为第一种判别方法的验证环节，在验证结果的同时，判断出系统实际电压接线的B相。

(3) 判断电压断线故障的类型。在确定了系统中存在电压接线断线的故障以后，还要确定电压断线故障的具体类型和相别。根据第三章分析的三相三线电能计量装置发生各类型电压断线故障时，参数的理论变化结果，列出如表5-1所示的电压断线故障对比表。

表5-1 电压断线故障对比表 V

电压断线故障	U_{ab}	U_{ca}	U_{bc}
PT一次A相断线	0	100	100
PT一次B相断线	50	100	50
PT一次C相断线	100	100	0
PT二次a相断线	50	50	100
PT二次b相断线	66.7	100	33.3
PT二次c相断线	100	66.7	33.3

将原始测量数据与电压断线故障对比表进行对比，即可初步判断出电压断线故障的具体类型及相别。

如果原始测量数据与电压断线故障对比表中所有数据均不相符，则判断可能是由于电能表中两个元件的实际接线与假设的情况不一致。例如，在电能表类型的选择时，选择的电能表类型与前提假设的不同。所以在练习或考试前，应着重了解实训中电能表的类型选取或实际二次负载的情况。

(4) 初步判断的验证。为了避免对故障的判断出现失误，提高后续测量判断的准确性，需要对上述初步判断出的结果进行验证。

由于PT二次断相这一类型的故障，在系统开始运行后实训人员测量的过程中，可以通过按下操作面板的故障恢复按钮来恢复，所以一般采取使用故障恢复按钮的方法对初步判断的结果进行验证。

具体操作为：按下操作面板的故障恢复按钮（电压断路恢复按钮，具体选取的相别应依据前面对故障类型初步判断的结果），然后再次测量三个元件的“电压”。

如果再次测量时，$U_{12} \approx U_{13} \approx U_{32} \approx 100V$，说明系统中的故障已经被恢复了，这样就可以判定原接线方式为PT二次断相，而且选取的故障恢复按钮相别也同时验证了PT二次断相的具体相别。

如果数据没有发生变化，可能是在 PT 二次断相故障的具体相别判断上出现了错误，可以再次按下操作面板的故障恢复按钮（电压断路恢复按钮，更换一个相别），然后测量三个元件的“电压”。判断步骤同上。

如果三次按下操作面板的故障恢复按钮后，三个元件的“电压”的数值仍然没有发生变化，那可以判定原接线方式为 PT 一次侧断相。

由于 PT 一次侧断相这类故障一旦设置完成，在系统开始运行后实训人员测量的过程中，不可能通过软件操作恢复，也影响实训人员对其他接线方式的判断，所以复合故障排查时不会出现 PT 一次断相。

故障恢复按钮的操作有助于实训人员验证自己对 PT 二次断相结论的判断，而且按下操作面板的故障恢复按钮后，PT 二次断相故障全部消失，实训人员可以进行下一步的操作。

（5）判断电压极性反接故障。如果附录 A 的“电压”栏中，出现了元件的测量值远远大于 100V（近似于 173V），那么可以判定：在系统中，电压接线存在极性反接的故障。根据第三章分析的三相三线电能计量装置发生电压互感器二次侧极性反接故障时，参数的理论变化结果，列出如表 5-2 所示的电压极性反接故障对比表。

表 5-2　　电压极性反接故障对比表　　V

电压极性反接故障	U_{ab}	U_{ca}	U_{bc}
PT 二次侧 A 相极性反接	100	173	100
PT 二次侧 C 相极性反接	100	173	100

这时发现一个问题，无论 PT 二次侧 A 相极性反接还是 C 相极性反接，线电压参数测量的数据是一样的，这就很难做出最终判断。系统发生单一故障时，可以根据正常的电流相序，通过测量电压、电流之间相位角来判断电压极性反接的具体相别；复合故障时，由于电流相序尚未明确，所以这种判断方法是行不通的。

想要准确排查电压互感器二次侧极性反接的故障，只能利用电流流过导线时会产生电压降的原理，分别测量电压互感器进线端子与零线、出线端子与零线之间的电压差。如果电压互感器进线端子与零线之间的电压差大于出线端子与零线之间的电压差，说明电压互感器二次侧接线是正常的；如果电压互感器进线端子与零线之间的电压差小于出线端子与零线之间的电压差，说明电压互感器二次侧存在极性反接故障。因为电流在流过导线时产生了电压降，使得电压互感器实际的进线端电位高于出线端。分别对电压互感器的 A 相和 C 相进行测量，可以准确得到电压互感器二次侧极性是否反接的结论。

（6）判断表尾电压接线。判断表尾电压的具体相序，两步可以完成：

1）确定 B 相。观察附录 A 中的“对地电压”数据栏的测量值，与大地之间的电压差接近于零的一相就是 B 相。

2）判断电压的正负序。把其余未知的两相电压分别命名为 U_x 和 U_y，测量线电压 U_{xb} 和 U_{by} 之间的相位角。如果接近于 300°，说明电压为正序，则表尾电压接线 xby 实际为 abc；如果接近于 60°，说明电压为负序，则表尾电压接线 xby 实际为 cba。

（7）判断电流断线和短路故障。观察电流值，从附录 A 中“电流”栏中的三个元件的显示值可以看出电流接线有无断线及短路的故障。

如果在“电流”栏中，两个元件的测量值均近似于设定值，一个元件的测量值近似于0，那么可以判定：在系统中，电流接线不存在断线及短路的故障。在这种情况出现的时候，可以直接进行第八步的检查。

如果在“电流”栏中，两个元件的测量值均近似于设定值，一个元件的测量值近似于设定值的$\sqrt{3}$倍，那么可以判定：在系统中，电流接线存在极性反接的故障。在这种情况出现的时候，可以着重记下电流接线存在极性反接故障，作为辅助判断，然后继续进行第八步的检查。

如果在“电流”栏中，出现了几个测量值均远远低于设定值的情况，那么可以判定：在系统中，电流接线存在断线、短路的故障。根据第三章分析的三相三线电能计量装置发生电流互感器二次侧短路、断线故障时，参数的理论变化情况，可以列出如表5-3所示的电流断线和短路故障对比表。

表5-3　电流断线和短路故障对比表

电流断线和短路故障	故障现象描述
CT二次短路	故障相电流值很小，但是接近于正常值的50%
CT二次A相断线	故障相电流值近似于0，非故障相正常
CT二次B相断线	A相与C相的电流值均变为原来的0.866倍
CT二次C相断线	故障相电流值近似于0，非故障相正常

将原始测量数据与电流断线和短路故障对比表进行对比，即可初步判断出电流断线和短路故障的具体类型及相别。

为了避免对故障的判断出现失误，提高后续测量判断的准确性，同样需要对上述初步判断出的结果进行验证。验证方法与电压断线故障的验证方法一样，即操作故障恢复按钮（电流断线恢复按钮、电流短路恢复按钮），将再次测量的电流值与正确值进行对比，此处不再赘述。

（8）判断电流相别。在电压相序已经确定的前提下，电能表表尾接入电流的相别判断就显得比较简单了。分别测量电压U_{ab}与电流I_1、I_2之间（电压超前于电流）的相位夹角ϕ_1、ϕ_2。

根据第三章分析的三相三线电能计量装置出现电流错接相时，参数的理论变化结果，列出如表5-4所示的电流错接相对比表（设功率因数角为ϕ）。

表5-4　电流错接相对比表

电流错接相	ϕ_1	ϕ_2
I_a、I_c	$30°+\phi$	$270°+\phi$
I_c、I_b	$270°+\phi$	$150°+\phi$
I_c、I_a	$270°+\phi$	$30°+\phi$
I_a、I_b	$30°+\phi$	$150°+\phi$
I_b、I_c	$150°+\phi$	$270°+\phi$
I_b、I_a	$150°+\phi$	$30°+\phi$

将原始测量数据与电流错接相对比表进行对比，即可初步判断出电能表表尾接入电流的相别。

如果在系统中，电流接线存在极性反接的故障，则存在电流极性反接的相，其电流滞后于线电压 U_{ab} 的相位夹角为表 5-4 的中的数值再加（减）180°。电流极性反接故障的辅助判据：附录 A 的"电流"栏中，两个元件的测量值均近似于设定值，一个元件的测量值近似于设定值的 $\sqrt{3}$ 倍。

为了最终确定是 CT 二次侧极性反接还是表尾电流进出反接，分别测量电流进线端子、出线端子与 B 相电压之间的电压差。电流在流过导线时将产生电压降，所以电流的流出端应该与 B 相电压等电位，而电流的流入端应该与 B 相电压之间存在一定的电压差。与 B 相电压等电位的电流端子应该是实际电流的流出端。这样就可以排除其中的一种故障，最终确定电流接线极性反接的类型。

至此为止，三相三线电能计量装置误接线综合故障的排查结束，三相三线电能计量装置电压、电流的相序及各自可能出现的故障全部可以排查出来。

第二节　三相四线电能计量装置误接线故障的排查

与仿真接线系统的软件相结合，这里把三相四线电能计量装置常见的故障类型详细划分为：表尾电压接线、PT 一次断相、PT 二次断相、PT 二次极性反接、CT 二次短路、CT 二次极性反接、CT 二次开路、表尾电流进出反接和电流错接相。

在实际电能表接线中，出现的故障类型通常不止一种，多数为多种故障类型的组合，在实际操作进行误接线故障的排查过程中，往往很难一步就将故障查找出并清除故障，而且进行排查的过程也会影响最后结果的准确性，所以，本节简单总结一些常见的组合故障类型，介绍综合故障排查的详细方法。

通过前文介绍得知，很多类型故障的查找前提是已知一些特定的条件，一旦工作人员对前期故障的判断出现失误，就会导致对这些特定的条件的推断出现错误，则后期所有的故障的查找和判断就无法保证了。所以，当系统中存在复合故障的时候，对于排查故障的工作人员来说，故障的查找顺序尤为重要。下面详细介绍一下三相四线电能计量装置误接线故障的排查顺序。

通过对前文单一类型故障具体分析及排查方法的学习，并结合 WT-F24 型电能表接线智能仿真系统本身的特点，这里推荐三相四线电能计量装置误接线故障的排查顺序如下：

（1）参数的测量。对接线装置的电压、电流及相位角等相关参数进行初步的测量，获得原始数据，并将测量结果填写后保存。保存初次测量原始数据的目的在于，将它作为一个基准，用于与以后测量的数据进行对比分析。一般实训填写数据时可以使用附录 A 中附表 A. 2，但是为了对不同的实训台、不同的实训人员及不同的实训场次测量的数据进行区别，这里推荐使用附录 E 和附录 F 两种原始数据测量表，方便实训人员随时记录，同时规范实训人员的记录习惯。附录 E 一般作为平时实训练习时填写原始数据的表格，附录 F 一般作为实训测验时填写原始数据的表格。

（2）判断电压接线有无断线故障。判断电压接线是否存在断线故障的方法有两种，一种方法是通过附录 A 中的"电压"项目判断；另一种方法是通过上述表格中的"对参考点电压”项目判断。一般在三相四线电能计量装置误接线故障的排查过程中，都给会出已知的参考点，一般参考点都给 U_A。

1）通过“电压”项目判断法。观察电压值，从附录 A 中“电压”栏中的三个元件的显示值可以看出电压接线有无断线的故障。

如果在“电压”栏中，三个元件的测量值均近似于 57.7V，那么可以判定：在系统中，电压接线不存在断线的故障。在这种情况出现的时候，就可以略过第三、第四、第五步，直接进行第六步的检查。

如果在“电压”栏中，出现某一个或几个的测量值远远低于 57.7V 的情况，那么可以判定：在系统中，电压接线存在断线的故障。在这种情况出现的时候，就可以接着进行第三步的检查。

2）通过“对参考点电压”项目判断法。观察电压值，从“对参考点电压”栏中的三个元件的显示值可以看出电压接线有无断线的故障。

如果在“对参考点电压”栏中，两个元件的测量值均近似于 100V，一个元件的测量值均近似于 0，那么可以判定：在系统中，电压接线不存在断线的故障，并且能说明测量值近似于 0 的项与参考点 A 同相。

如果在“对参考点电压”栏中，出现了两个元件的测量值均近似于 0，或者出现了某一个测量值（一般为 57.7V 左右），既不近似于 100V，又不近似于 0，那么可以判定：在系统中，电压接线存在断线的故障。在这种情况出现的时候，就可以接着对照进行第三步的检查。

在实际操作中，这两种方法一般共同使用，第二种判别方法作为第一种判别方法的验证环节，在验证结果的同时，判断出系统实际电压接线的 A 相。

（3）判断电压断线故障的类型。在确定了系统中存在电压接线断线的故障后，还要确定电压断线故障的具体类型和相别。根据第四章分析的三相四线电能计量装置发生各类型电压断线故障时，参数的理论变化结果，列出如表 5-5 所示的二次空载时电压断线故障对比表。

表 5-5　电压断线故障对比表　V

电压断线故障	U_{ab}	U_{bc}	U_{ca}
PT 一次侧 A 相断线	57.7	100	57.7
PT 一次侧 B 相断线	57.7	57.7	100
PT 一次侧 C 相断线	100	57.7	57.7
PT 二次 a 相断线	0	100	0
PT 二次 b 相断线	0	0	100
PT 二次 c 相断线	100	0	0

将原始测量数据与电压断线故障对比表进行对比，即可初步判断出电压断线故障的具体类型及相别。如果原始测量数据与电压断线故障对比表中所有数据均不相符，则判断可能是由于电能表中两个元件的实际接线与假设情况不一致。例如，在电能表类型的选择时，选择的电能表类型与前提假设的不同。所以在练习或考试前，应着重了解电能表类型的选取或二次负载的情况。

（4）初步判断的验证。为了避免对故障的判断出现失误，提高后续测量判断的准确性，需要对上述初步判断出的结果进行验证。

由于PT二次断相这一类型的故障，在系统开始运行后实训人员测量的过程中，可以通过按下操作面板的故障恢复按钮来恢复，所以一般用故障恢复按钮的方法对初步判断的结果进行验证。

具体操作为：按下操作面板的故障恢复按钮（电压断路恢复按钮，具体相别使用初步判断的结果），再次测量三个元件的“电压”，如果 $U_1 \approx U_2 \approx U_3 \approx 57.7\text{V}$，说明故障被恢复，可以判定原接线方式为PT二次断相，而且故障恢复按钮的相别也同时验证了PT二次断相的具体相别。

如果数据没有发生变化，可能是由于对PT二次断相故障的具体相别判断出现错误，如果这样，可以再次按下操作面板的故障恢复按钮（电压断路恢复按钮，更换一个相别），再次测量三个元件的“电压”。判断步骤同上。

如果三次按下操作面板的故障恢复按钮后，三个元件的“电压”数值仍然没有发生变化，则可以判定原接线方式为PT一次断相。由于这类故障一旦设置完成，在系统开始运行后实训人员测量的过程中，不可能通过软件操作恢复，也影响实训人员对其他接线方式的判断，所以复合故障排查时不会出现PT一次断相。

故障恢复按钮的操作有助于实训人员验证自己对PT二次断相结论的判断，而且按下操作面板的故障恢复按钮后，PT二次断相故障全部消失，实训人员可以进行下一步的操作。

（5）判断电压极性反接故障。如果在附录A的“相位角”栏中，推断出了某元件与参考电压夹角的测量值不等于0°、120°或240°，而是近似于60°、180°或300°，那么可以判定：在系统中，电压接线存在极性反接的故障。根据第四章分析的三相四线电能计量装置发生电压互感器二次侧极性反接故障时，参数的理论变化结果，列出如表5-6所示的电压极性反接故障对比表。

表5-6　电压极性反接故障对比表

夹角	A相正常	A相极性反	B相正常	B相极性反	C相正常	C相极性反
参考电压	0°	180°	120°	300°	240°	60°

想要准确排查电压互感器二次侧极性反接的故障，通过测量、推断出了元件与参考电压夹角的测量值，并与表5-6进行对比即可得到结论。

（6）判断表尾电压接线。判断表尾电压的具体相序，按照以下两步可以完成：

1）确定A相。观察附录A中的“对参考点电压”数据栏的测量值，与参考点之间的电压差接近于0的一相就是A相。

2）判断电压的正负序。把其余未知的两相电压分别命名为 U_x 和 U_y，测量线电压 U_{ax} 和 U_{yx} 之间的相位角。如果接近于300°，说明电压为正序，则表尾电压接线axy实际为abc；如果接近于60°，说明电压为负序，则表尾电压接线axy实际为acb。

（7）判断电流断线和短路故障。观察电流值，从附录A中“电流”栏中的三个元件的显示值可以看出电流接线有无断线及短路的故障。

如果在“电流”栏中，两个元件的测量值均近似于设定值，一个元件的测量值近似于0，那么可以判定：在系统中，电流接线不存在断线及短路的故障。在这种情况出现的时候，就可以直接进行第八步的检查。

如果在“电流”栏中，出现了几个测量值均远远低于设定值的情况，那么可以判定：在系统中，电流接线存在断线或短路的故障。根据第四章中分析出的三相四线电能计量装置发生电流互感器二次侧短路及断线故障时，各项参数的理论变化情况，可以列出如表5-7所示的电流断线和短路故障对比表。

表5-7　电流断线和短路故障对比表

电流断线和短路故障	故障现象描述
CT二次短路	故障相电流值很小，但是接近于正常值的50%
CT二次断线	故障相近似于0，非故障相正常

将原始测量数据与电流断线和短路故障对比表进行对比，即可初步判断出电流断线和短路故障的具体类型及相别。

为了避免对故障的判断出现失误，提高后续测量判断的准确性，需要对上述初步判断出的结果进行验证。验证方法与电压断线故障的验证方法一样，即操作故障恢复按钮（电流断线恢复按钮、电流短路恢复按钮），将再次测量的电流值与正确值进行对比，此处不再赘述。

（8）判断电流相别。在电压相序已经确定的前提下，电能表表尾接入电流的相别判断就显得比较简单。分别测量电压U_a与电流I_1、I_2、I_3之间（电压超前于电流）的相位夹角ϕ_1、ϕ_2、ϕ_3。

根据第四章分析的三相四线电能计量装置出现电流错接相时，参数的理论变化结果，列出如表5-8所示的电流错接相对比表（设功率因数角为ϕ）。

表5-8　电流错接相对比表

电流错接相	ϕ_1	ϕ_2	ϕ_3
$I_aI_bI_c$	ϕ	$120°+\phi$	$240°+\phi$
$I_bI_cI_a$	$120°+\phi$	$240°+\phi$	ϕ
$I_cI_aI_b$	$240°+\phi$	ϕ	$120°+\phi$
$I_aI_cI_b$	ϕ	$240°+\phi$	$120°+\phi$
$I_cI_bI_a$	$240°+\phi$	$120°+\phi$	ϕ
$I_bI_aI_c$	$120°+\phi$	ϕ	$240°+\phi$

将原始测量数据与电流错接相对比表进行对比，即可初步判断出电能表表尾接入电流的相别。

如果在系统中，电流接线存在极性反接的故障，那么存在电流极性反接的相，应该在表5-8中的数值上再加（减）180°。

为了最终确定是CT二次侧极性反接还是表尾电流进出反接，分别测量电流进线端子、出线端子与零线之间的电压差。电流流过导线将产生电压降，所以，电流流出端应该与零线等电位，而电流流入端应该与零线之间存在一定的电压差。与零线等电位的电流端子应该是实际电流的流出端。这样就可以排除其中的一种故障，最终确定电流接线极性反接的类型。

至此为止，三相四线电能计量装置误接线综合故障的排查结束，三相四线电能计量装置电压、电流的相序及各自可能出现的故障全部可以排查出来。

第三节 特征相近误接线故障的区分排查

从电能计量装置误接线故障的排查内容可以看出，对误接线故障类型初步判断的主要依据是接线装置的电压、电流及相位角等相关参数的测量数据。

通过分析测量数据与正确接线的数据之间的差别，可以做出误接线故障类型的推断，然后运用其他方法验证，因此，分析测量数据的部分非常重要。而电能计量装置误接线故障种类众多，不同类型的故障会形成极其相似的测量结果，让原本复杂的测量数据分析过程变得更加难以辨识。本节将总结一下特征相近的几种误接线故障，着重强调一下它们之间不同的排查方法。

一、三相三线电能计量装置误接线特征相近故障的区分排查

三相三线电能计量装置中，特征相近的误接线故障一般有以下四种类型，这里分别描述一下它们之间不同的排查方法。

1. PT二次侧a相断线与PT一次侧B相断线

PT发生二次侧a相断线与PT发生一次侧B相断线故障时，线电压参数的理论测量结果如表5–9所示。

表5–9 PT断线故障对比表 V

类型	U_{ab}	U_{ca}	U_{bc}
PT一次侧B相断线	50	100	50
PT二次侧a相断线	50	50	100

通过观察表5–9的测量数据，发现这两种故障造成的结果都是使线电压的大小发生了变化，两个线电压均变为50V，一个线电压保持100V不变。虽然发生电压值变化的线电压相别不同，但是在电压相序尚未知晓的情况下，这两种故障还是不易区分和判别的。

考虑到PT一次断相这一类型的故障一旦设置完成，在系统开始运行后实训人员测量的过程中，不可能通过软件操作恢复，而PT二次断相这一类型的故障，在系统开始运行后实训人员测量的过程中，可以通过按下操作面板的故障恢复按钮来恢复。所以，一般会采取使用故障恢复按钮的方法来判断误接线故障到底是PT二次侧a相断线还是PT一次侧B相断线。

2. 表尾电流进出反接与电流互感器二次极性反接

一般对电流接线方式中是否存在反接故障的判断，主要是通过测量电能表表尾电压与电流之间的相位角来确定的。但是表尾电流进出反接与电流互感器二次极性反接故障时，都会造成实际进入电能表的电流与理论电流方向相反的后果。所以，单纯的测量相位角是区分不出这两种故障的。

这两种故障产生的后果是一样的，区别仅在于使电流相位反转180°的位置不同。考虑到电流在流过导线时将产生电压降，则分别测量电流进线端子、出线端子与零线之间的电压差。正常接线时，电流流出端应该与零线等电位，而电流流入端应该与零线之间存在一定的电压差，因此可以确定，与零线等电位的电流端子应该是实际电流的流出端。所以，一般会采取测量并比较电流进线端子、出线端子与零线电压差的方法，判断误接线故障到底是表尾

电流进出反接还是电流互感器二次极性反接。

3. PT 极性反接与 CT 极性反接

PT 极性反接与 CT 极性反接故障，按照前面叙述的指导步骤进行排查时，一般不易发生混淆，但是在使用其他快速方法（如经验判断）测量电压与电流之间的相位夹角时，因为这两种故障均会造成实际测量角与正常接线时夹角相差 180°，容易干扰判断。对这两种故障的区别方法一般有两种：

(1) 测量线电压。如果三个线电压中出现 173V，说明故障为 PT 极性反接。

(2) 测量 PT 进线端子、出线端子与零线之间的电压差。如果 PT 进线端子与零线之间的电压差大于出线端子与零线之间的电压差，说明 PT 接线正常。

具体选用哪种判断方法，实训人员可以根据自己的习惯和需要来决定。在不考虑计时的情况下，也可以都进行尝试，培养多种思路的同时还可以相互印证判断的结论是否正确。

4. CT 二次侧短路与 CT 二次侧开路

CT 发生二次侧短路或 CT 发生二次侧开路的故障时，通过测量电流值的大小，发现这两种故障造成的结果都是使电流值减小。CT 发生二次侧短路故障时，故障相电流减小为原来正常值的 40%左右；CT 发生二次侧开路故障时，故障相电流接近于 0。虽然故障相电流值减小的程度不同，但是如果在模拟仿真接线界面中，初始负载电流值的设置较小的情况下，这两种故障还是不易区分和判别的。

考虑到操作面板的故障恢复按钮详细地划分了“电流断线恢复”按钮和“电流短路恢复”按钮，甚至具体到相别，如 A 相电流短路恢复、B 相电流短路恢复、C 相电流短路恢复、A 相电流断路恢复、B 相电流断路恢复、C 相电流断路恢复。只要按下按钮后重新测量电流值，如果电流值恢复，则可确定故障的类型及相别。所以，一般会采取使用故障恢复按钮的方法来判断误接线故障到底是 CT 二次侧短路还是 CT 二次侧开路。

二、三相四线电能计量装置误接线特征相近故障的区分排查

三相四线电能计量装置中，特征比较相似的误接线故障一般有以下几类：

(1) CT 二次侧短路与 CT 二次侧开路。

(2) 表尾电流进出反接与电流互感器二次极性反接。

(3) PT 极性反接与 CT 极性反接。

这几类特征相似故障的区别排查方法与三相三线计量装置的相同，此处不再赘述。

在排查误接线故障的实训中，需要测量并记录一些数据，用来帮助分析误接线的类型并验证实训人员对误接线结果的判断。为了规范记录格式、培养实训人员形成有效记录的习惯，设计了电能计量装置接线检查记录表，供实训人员练习时参考使用，详见本书的附录 D、附录 E、附录 F，以上附录也可作为误接线考核的标准操作试卷。

第四节 误接线故障排查操作的特殊技巧

误接线故障排查的具体操作步骤前面已经详细讲解了，排查故障的指导步骤严谨翔实，严格按照这些操作步骤对仿真接线装置进行排查，找到实际的接线方式是没有问题的，但是这样操作起来比较消耗时间。在现实的工作当中，可能需要排查接线的位置不止一处、两处，这就要求检查误接线的工作人员必须快速、准确地判断出每一处故障的接线方式，而且一些排查误接线故障的业务竞赛，也间接地对查找故障的速度提出了要求。

下面结合一般常见的现场实际接线条件，简单地介绍几种误接线故障排查操作的特殊技巧。

一、WT-F24 型电能表接线智能仿真系统误接线故障排查操作的特殊技巧

经过前面章节的讲解，可以发现一个特点：WT-F24 型电能表接线智能仿真系统在进行误接线排查的时候，由于存在 9 个故障恢复按钮（A 相电流短路恢复、B 相电流短路恢复、C 相电流短路恢复、A 相电流断路恢复、B 相电流断路恢复、C 相电流断路恢复、A 相电压断路恢复、B 相电压断路恢复、C 相电压断路恢复），那么系统在设置了电流短路、电流开路及电压断线故障时，实训人员只要在记下初步测量的数据后，通过尝试性按下相关故障恢复按钮并对参数重新测量就可以准确判断出接线方式。

这种利用故障恢复按钮，来判断相别及故障类型的方法，在实训操作考核中十分有效。考试学员通过简单的数据比对，可以非常快速、准确地判断出仿真系统中模拟设置的误接线故障类型。

在实训操作考核中发现，利用故障恢复按钮来判断故障类型的方法，适用于仿真系统中设置故障类型较多的情况，故障数量的增加会减小故障排查的难度，从而出现故障设置得越多，排查起来越简单的现象。这非常不利于培养实训人员对测试参数的理论分析，而且现场运行时，出现断线或短路故障的概率很小，即使判断出现了断线或短路故障，也不可能通过某项操作来恢复故障并继续排查接线。

针对这个特点，操作人员在实训过程中应着重联系现场运行的实际情况，并加强对于相序变化、极性反接这类项目的练习。

二、三相三线电能计量装置误接线故障排查操作的特殊技巧

现场运行中，对功率因数有严格的要求，一般要求功率因数 $\cos\phi$ 达到 0.85 以上，折算为功率因数角 ϕ（电压与电流之间的夹角）则要求其范围是 0°~30°。三相三线电能计量装置的接线方式，使用较多的是"三相三线（经 PT、CT 接入，CT 四线制接线）"。而 CT 四线制接线简单理解就是，通过电流互感器后，接入电能表两元件的电流排除掉了 B 相，即只可能是 A、C 两相电流。

现场的实际运行条件已经对误接线的排查范围缩小了很多，按照之前的指导步骤进行排查没有问题，但是现场有时要求比较严格，不允许借助地线参与一些测量工作。在指导步骤中，确定电压相序的第一步就是确定 B 相，而确定 B 相的方法是测量元件对地电压，与地线之间的电压接近于零的一相就是 B 相。这种情况下，常规的排查方法就行不通了，只有从现有可测量的数据中分析，选择其他的判别方法。

装置现有可测量与判断的数据类型有两种：一种是电压相序，可以通过测量来判断出正序还是负序；另一种是线电压与电流之间的夹角，可以测量出具体值。

对所有电流与线电压之间出现夹角的理论分析结果如表 5-10 所示。

表 5-10　电流、电压夹角

夹角	$\dot{I}_a$	$\dot{I}_c$	$-\dot{I}_a$	$-\dot{I}_c$
$\dot{U}_{ab}$	30°+ϕ	270°+ϕ	210°+ϕ	90°+ϕ
$\dot{I}_{bc}$	270°+ϕ	150°+ϕ	90°+ϕ	330°+ϕ

续表

夹角	$\dot{I}_a$	$\dot{I}_c$	$-\dot{I}_a$	$-\dot{I}_c$
$\dot{I}_{ca}$	$150°+\phi$	$30°+\phi$	$330°+\phi$	$210°+\phi$
$\dot{I}_{ba}$	$210°+\phi$	$90°+\phi$	$30°+\phi$	$270°+\phi$
$\dot{I}_{cb}$	$90°+\phi$	$330°+\phi$	$270°+\phi$	$150°+\phi$
$\dot{I}_{ac}$	$330°+\phi$	$210°+\phi$	$150°+\phi$	$30°+\phi$

由于表5-10中ϕ规定的范围是0°~30°，可以推测出表中电流、电压夹角的变化范围如表5-11所示。

表5-11　电流、电压夹角的变化范围

夹角范围	$\dot{I}_a$	$\dot{I}_c$	$-\dot{I}_a$	$-\dot{I}_c$
$\dot{U}_{ab}$	（30°，60°）	（270°，300°）	（210°，240°）	（90°，120°）
$\dot{U}_{ca}$	（270°，300°）	（150°，180°）	（90°，120°）	（330°，360°）
$\dot{U}_{cb}$	（150°，180°）	（30°，60°）	（330°，360°）	（210°，240°）
$\dot{U}_{ba}$	（210°，240°）	（90°，120°）	（30°，60°）	（270°，300°）
$\dot{U}_{bc}$	（90°，120°）	（330°，360°）	（270°，300°）	（150°，180°）
$\dot{U}_{ac}$	（330°，360°）	（210°，240°）	（150°，180°）	（30°，60°）

总结夹角大小分布的规律，考虑得到一种排查接线的新方法，其步骤如下：

（1）确定电压的相序是正序还是负序。直接测量线电压之间的夹角，如果夹角接近于300°，那么电压应该是正序，如果夹角接近于60°，那么电压就应该是负序。如果电压是负序，调换相位伏安表其中两个表笔的位置，锁定电压为正序的状态，即保证在以后的测量过程中，使用的线电压下角标均为正序。

（2）分析表5-10中涉及夹角的角度。因为排除了电压为负序的情况，所以表5-10中后三行可以不参与分析。由于ϕ规定的范围是0~30°，所以从表5-11中可以看出，只有在$\dot{U}_{ab}$与$\dot{I}_a$、$\dot{U}_{ca}$与$\dot{I}_c$这两种接线方式下会出现线电压与电流之间的夹角为锐角（即0°~90°）的情况，它们的角度变化范围为（30°，60°）。同时经过观察可以发现，$\dot{U}_{ab}$与$\dot{U}_{ca}$两行所有数据当中，只有$\dot{U}_{ca}$与$-\dot{I}_a$之间的夹角超过了330°，这就给了一个判断电压线电压相别的信号。

（3）测量电压与电流之间的夹角。因为在第一步中，已经判断出了正相序，所以这时操作人员依次测量正相序状态下，线电压与接入表尾的两个电流之间的夹角，目的是寻找到夹角为锐角的线电压与电流。如果测量的角度出现了锐角，说明操作人员正在测量中的电压和电流只有电压为U_{ab}、电流为I_a或者电压为U_{ca}、电流为I_c这两种可能。经过上一步的分析可以确定，除此之外，再无其他的可能情况。

此时，保持电压测量端子不变，更换电流测量端子，并且正、反测量两次，目的是寻找到与线电压的夹角超过330°的电流。如果测量的角度出现了超过330°的值，说明操作人员正在测量中的电压为U_{ca}、电流为$-I_a$。否则说明操作人员刚才没有更换电流端子时，测量的角度出现锐角的那次测量中，电压为U_{ab}、电流为I_a。

（4）判断接线方式。由于第三步中已经确定出了两个电压端子的相别和一个电流端子的接线方式，所以电压的接线方式已经明确，另一个电流接线端子的接线方式只要根据电流与已知的线电压的夹角即可判断出来。

这种误接线故障排查操作的方法方便、简单、准确，可实施性高，经过短时间强化训练后，可在1min内排查出误接线故障，大大提高了工作效率。

三、三相四线电能计量装置误接线故障排查操作的特殊技巧

三相四线电能计量装置的误接线故障排查，在指导步骤中，操作人员确定电压相序的第一步是确定A相，而确定A相的方法是测量元件对参考相电压。这里，需要提供一个参考相，实训装置中，提供的是标准的A相电压。那么只要与参考相之间的电压接近于零的一相就是A相。

而现场的运行过程中，提供标准电压或电流的参考相是不太现实的。这种情况下，常规的排查方法就行不通了。操作人员只有从现有可测量的数据中分析，考虑其他的判别方法。

三相四线电能计量装置中，电压与电流都是三相，而且都是对称分布，对于误接线故障的判断，只需判断出故障的类型、计算出追补电量即可，不需要详细的分析出具体的电压、电流相别。

由此，推荐采用假定A相电压的方法。先假定某一相为A相，然后执行三相四线电能计量装置的误接线故障排查的常规步骤，确定出其余电压及电流的相别、故障类型，通过这个结果来计算追补电量。由于三相电压和电流均对称，所以，无论操作人员假定的A相电压是否为实际的A相电压，都不会影响最终追补电量的计算结果。

第五节　误接线的处理

电能计量装置接线发生错误，直接会导致电量的计量不准确。如何正确抄读用电客户的用电量、计算退补电量及处理误接线形成的窃电案件，已经成为供电专业必修的课程内容。

一、电量抄读

现场运行的电能表，由于实际用的互感器的额定变比与电能表铭牌上要求的额定变比不同，在计算电量时必须重新核算电能表的实用倍率。

实用倍率的计算式为

$$B_L = \frac{K_I \times K_U}{K'_I \times K'_U} \times b \qquad (5\text{-}1)$$

式中　B_L——电能表的实用倍率，也叫乘率；

K_I、K_U——电能表实际用电流、电压互感器的额定变比；

K'_I、K'_U——电能表铭牌上标注的电流、电压互感器的额定变比；

b——电能表的计度器倍率，kWh/字，没有标示计度器倍率的电能表，$b=1$。

国产电能表多采用字轮式计度器，小数位数常用红色窗口表示，经互感器接入的电能表由于一个数字代表的电量非常大，因此抄读电量时，应该精确到最小位数。某时段（如一个月）内计量装置测得电量的计算式为

$$W = (W_2 - W_1) \times B_L \qquad (5\text{-}2)$$

式中　W——计量装置测得的电量；

W_1——前一次抄见读数；

W_2——后一次抄见读数。

若电能表转盘始终正转，而 $W_2<W_1$，则说明计度器的字轮数字都过了9，这时测得电量的计算式为

$$W=[(10^m+W_2)-W_1]\times B_L \tag{5-3}$$

式中 m——计度器整数位数。

电能表反转时，必然 $W_2<W_1$，尽管可用式（5-2）计算电量，但是由于电能表是在正转情况下校验合格的，所得结果存在误差，因此应尽量避免电能表反转。

二、退补电量计算

目前，计算退补电量有更正系数法、相对误差法和估算法三种方法，结合 WT-F24 型电能表接线智能仿真系统的实际操作情况，在这里介绍更正系数法和估算法。

1. 更正系数法

更正系数定义为

$$G_X=\frac{W_0}{W_X} \tag{5-4}$$

式中 W_0——错误接线期间应计量的正确电量，kWh；

W_X——计量装置错误接线期间的抄见电量，kWh。

可见，若能求出 G_X，便可根据错误的抄见电量 W_X 求出正确用电量 W_0。求更正系数 G_X，一般采取功率比值法。由于电能表计量的电量与它反映的功率成正比，因此，更正系数 G_X 的计算式为

$$G_X=\frac{W_0}{W_X}=\frac{P_0}{P_X} \tag{5-5}$$

式中 P_0——正确接线时电能表反映的功率；

P_X——错误接线时电能表反映的功率。

需要注意的是：更正系数法只能用于计算 $P_X\neq 0$ 时的窃电量，不适用于窃电事件发生后，电能表转盘不转（电子式电能表脉冲灯不闪动）或转向不定的情况。

2. 估算法

当窃电事件发生后，电能表转盘不转或转向不定时，更正系数法就不适用于计算窃电量了，这时，一般采用估算法来计算窃电量。它是根据《供电营业规则》第一百零三条规定来确定窃电量的。窃电量等于用电负荷（功率）乘以实际窃电时间，接有互感器的，在计算窃电量时还应当乘以互感器变比。因此，要确定窃电数量，就必须首先确定客户在窃电期间的窃电设备容量、窃电日数、日窃电时间等。

在实际处理窃电案件时，各级司法机关、电力行政执法部门和供电企业对客户窃电设备容量、窃电日数、日窃电时间的确定方法做了进一步的细化。

（1）窃电时间能够查明的情况：

1）所窃电量按私接设备的额定容量（kVA 视同 kW）乘以实际窃电时间计算确定。

2）自制、改制的以及无铭牌容量的用电设备可按实测的电流值确定设备容量。

3）无法确定实际窃电使用的设备及容量的，按计费电能表标定的最大额定电流值（对装有限流器的，按照限流器整定电流值）所对应的容量乘以实际窃电时间。

4）通过互感器窃电的，计算窃电量时还应当乘以实际使用互感器变比。

（2）窃电时间无法查明的情况：

1）能够查明产量的，按同类产品用电的平均单耗和窃电客户生产的产品产量相乘，加上其他辅助用电量，再减去抄见电量的差额计算。

2）在总表上窃电的，按各分表电量的正常损耗之和减去总表抄见电量的差额计算。

3）按历史上正常月份用电量与窃电后抄见电量的差额，并根据实际用电变化情况进行调整。

4）按照上述方法仍不能确定的，窃电日数每年以180天计算；每日窃电时间，电力客户按12h计算，照明客户按6h计算。

5）对于用电时间尚不足180天的，按自开始用电之日起的实际天数计算。

6）安装了电力负荷监控装置的窃电客户，以定期定时连续采取的标准数据作为计算实际用电量的依据，用该装置记录的电量减去客户抄见电量的差额作为窃电量。

三、窃电案件处理

从法律性质看，窃电行为分为轻微窃电行为、一般窃电行为、严重窃电行为三种类型，其处理方法如下：

（1）轻微窃电行为。违反了供用电合同，属违约用电，是民事侵权的范畴。供电企业可依据《供电营业规则》和《用电检查管理办法》追究窃电者的民事赔偿责任。供电企业对窃电案件的处理一般采用这种方式。

（2）一般窃电行为。除民事侵权外，还属于行政违规。窃电者既要承担民事赔偿责任，又要受到公安机关、电力管理部门依据《中华人民共和国行政处罚法》和《中华人民共和国治安管理处罚条例》对窃电者进行罚款、拘留和行政处罚。

（3）严重窃电行为。兼有违约、行政违规和刑事犯罪三重属性，是刑法制裁的范畴。窃电者除了承担民事赔偿责任、行政违规责任外，还要受到刑法的制裁。

对已查获的窃电案件，轻微窃电行为可按《供电营业规则》和《中华人民共和国民法通则》追究窃电者的民事侵权责任，即追收损失电费加上3倍违约使用电费；一般的窃电行为可追究窃电者的民事侵权责任并对其进行行政处罚；严重窃电行为除了上述的追究外，还须追诉其刑事责任。各种窃电案件、公诉案件由司法机关按照规定的法律程序直接办理。

第六节　仿真装置常见的异常情况及处理方法

仿真装置在实训的过程当中，由于实训人员操作不当或者设备本身的缺陷，容易出现一些异常的状况。这些异常状况的出现会干扰实训的正常进行，而且如果处理的不得当，会造成设备的损坏甚至发生操作人员触电事故，后果非常严重。

下面简单介绍几种常见的异常情况和出现异常状态时相关的处理方法。

一、设备异响

设备异响指的是仿真装置在通电的状态下，发出不正常的响动。一般表现为，运行中的设备间歇性或持续性地出现不同于正常运行状态时的声音。

操作人员一般依据声音的特点、出现的位置和时段来判断设备异响出现的原因。

1. 起始异响

起始异响一般出现在设备通电以后，按下装置机柜后面板上的“启动”按钮，柜体装置的语音系统发出“开始”的语音提示，这时，设备出现异响。

这种异响是间歇性的、比较沉闷的“嗡嗡”声，类似于脉冲，听起来感觉很像是由于启动装置动力不足，带动不起来其他设备，但是其他设备在此时尚未启用，所以可以确定不存在系统过载等问题。

这种情况一般出现在仿真装置长期闲置、不投入运行的时候，特别是在天气寒冷时，此现象尤为明显。虽然这种状态，不会影响实训的正常进行，但为了减少设备的损伤，从设备安全及维护设备的角度出发，操作人员一般采取的措施是：在正常启动软件、设置好参数后，暂时不投入运行，缓冲一段时间，让设备逐步适应带电的状态，等这种异响不再出现时，再投入运行，而且前期的电流参数设置不宜过大。如果这种异响持续的时间比较长，也可以按下装置机柜后面板上的“停止”按钮，然后将设备断电，过几分钟后重新启动，再观察设备情况。一般异响会在重新启动后消失，设备恢复正常。

2. 运行异响

运行异响一般出现在设备运行以后。启动软件、设置好参数后，投入运行，相关操作面的运行灯（红灯）亮起，在运行开始的瞬间，设备出现异响。

这种异响是持续且比较尖锐的“吱吱”声，类似于电子器件不正常运行时发出的一种噪声。这时，观察软件控制屏及操作面，均没有告警信息出现，系统也没有语音报警，所以可以确定，不存在危及设备及人身安全的故障。

出现这种情况的条件不确定，有时是在仿真装置长时间闲置、不投入运行的时候；有时是在长时间运行、停止后再次运行的时候。这种情况多是装置内部的电子器件运行条件突变造成的，不是所有设备都会出现，可以理解为某些设备的小缺陷。这种状态不会影响实训的正常进行，但同样为了减少设备的损伤，从设备安全及维护设备的角度出发，操作人员一般采取的措施是：软件操作关闭电源，按下装置机柜后面板上的“停止”按钮，然后重新启动设备，按下装置机柜后面板上的“启动”按钮，柜体装置的语音系统发出“开始”的语音提示，在软件设置投入运行前，再次按下装置机柜后面板上的“复位”按钮，柜体装置的语音系统发出“开始”的语音提示，再次投入运行。观察设备情况，一般异响会在重新启动后消失，设备恢复正常。

3. 风扇异响

风扇异响一般出现在设备长时间运行时。设备较长时间处于运行的状态，运行灯持续亮起时，设备出现异响。

这种异响是持续且比较沉闷的“嗡嗡”声，类似于风扇正常工作时的响声，但是更加剧烈，伴随着一种橡胶过热时的味道。这时，观察软件控制屏及操作面，均没有告警信息出现，系统也没有语音报警，所以可以确定不存在危及设备及人身安全的故障。

出现这种情况一般是在仿真装置长时间投入运行的时候，特别是初始设置对电流值的设置比较大的情况下，此现象尤为明显。虽然这种状态不会影响实训的正常进行，同样为了减少设备的损伤但是为了减少设备的损伤，从设备安全及维护设备的角度出发，操作人员一般采取的措施是：待整组实训人员完成对误接线排查的操作后，软件操作关闭电源，这时，运行灯熄灭，设备停止运行，但是风扇继续工作，为设备内部散热。需要注意的是：不要按下装置机柜后面板上的“停止”按钮，否则风扇立即停止工作，设备内部的热量排不出去，容易损伤设备。设备停运一段时间后，待设备温度降低后，按下装置机柜后面板上的“停止”按钮，稍后重新启动运行，再观察设备情况。一般异响会在重新启动后消失，设备恢复正常。

二、通信连接不成功

通信连接不成功指的是，仿真装置与计算机软件之间的连接出现异常，其表现为连接中断、计算机不能通过软件控制装置等。操作人员依据软件的连接显示（计算机左下角）来确定设备存在通信连接不成功的问题。

出现通信连接不成功问题的情况如下：

1. 起始连接失败

起始连接失败一般出现在软件启动以后，打开三相电能表接线仿真系统软件，主界面左下角出现“不能打开串口”的文字提示，显示通信连接失败。

出现这种情况意味着仿真装置不能与计算机软件正常连接，软件设置的接线类型指令无法传输给仿真装置。这种状态，会导致实训不能正常进行，因此操作人员一般采取的措施是：关闭软件界面，按下装置机柜后面板上的“启动”按钮，柜体装置的语音系统发出“开始”的语音提示，再次启动软件，打开三相电能表接线仿真系统软件的主界面，观察左下角出现的通信连接文字提示。通常重新启动系统后，连接失败的问题会得到解决，软件界面左下角应出现“串口已经打开”的蓝色文字提示。如果显示通信连接失败，可能仿真装置与计算机之间数据传输的通信线（位于柜体底部，通过水晶头与计算机主机相连接）出现了问题，如接头是否接触不良等，这就需要检查通信线。

2. 主机与子机冲突

主机与子机冲突一般出现于实训进行的过程中，正在参与误接线排查的实训人员会突然发现自己所在操作面的运行指示灯熄灭，查看计算机界面发现，主界面左下角提示“不能打开串口”；或者运行指示灯熄灭后又重新亮起，但经过测量发现，测量结果与计算机设置的故障不相同。

这种情况一般是控制仿真装置的计算机主机与子机产生冲突造成的。仿真装置开始时，由自己的子机控制设置误接线故障，这时别的实训人员打开实训室的主机，通过主机远距离控制仿真装置，主机与仿真装置连接的瞬间，原本控制仿真装置的子机软件主界面左下角会出现“不能打开串口”的文字提示，提示此台计算机与仿真装置的通信连接失败；或者仿真装置开始时，由主机远距离控制设置误接线故障，这时实训人员打开仿真装置旁边的子机，通过子机控制仿真装置，子机与仿真装置连接的瞬间，原本控制仿真装置的主机软件主界面左下角也会出现“不能打开串口”的文字提示，提示主机与仿真装置的通信连接失败。产生这种情况的根本原因是：实训人员在练习时缺乏沟通。因此，操作人员一般采取的措施是提前做出约定：①实训中，主机不参与远距离控制仿真装置；②考核时，子机不允许开机。

3. 误接线类型突变

误接线类型突变也出现于实训进行的过程中，正在参与误接线排查的实训人员会突然发现自己所在操作面的运行指示灯熄灭，但是查看计算机界面发现，主界面左下角有“串口已经打开”的蓝色文字提示，说明通信连接并没用中断；或者运行指示灯熄灭后又重新亮起，但经过测量发现，测量结果与计算机设置的故障不相同。

出现这种情况一般是控制仿真装置的计算机在进行某一仿真面接线类型更改时造成的。

仿真装置的三个操作面均由一台计算机控制设置误接线故障，如果在其中一个操作面的接线方式中设置了 PT 一次侧断线的故障，即使其他操作面没有设置此类故障，也会体现在误接线排查的测量结果中。这时如果三个操作面实训的进度不一致，误接线排查找到 PT 一次侧断线故障的学员为了进行以后的排查，会要求计算机操作人员对自己操作面此项故障的设置进行恢复。由于 PT 一次侧断线的故障类型会对三个操作面同时产生影响，一旦故障恢复，所有面的故障现象全部消失，其他操作面正在参与误接线排查的实训学员会突然发现自己所在操作面的运行指示灯熄灭，但是查看计算机主界面左下角，会仍然显示通信连接；也可能运行指示灯熄灭后又重新亮起，实训人员没有注意，但经过测量发现，测量结果发生了变化，与之前的测量结果不一致。产生这种情况的根本原因是：实训人员对仿真装置不熟悉，不了解故障的设置与清除对不同操作面的影响，并且在练习时缺乏沟通。因此，操作人员一般采取的措施是：提前做出约定，综合实训时，仿真装置不设置 PT 一次侧断线的故障，所有操作面没有全部测量排查完毕时，不对计算机主界面进行任何操作。

三、声音报警、电源停止供电

声音报警、电源停止供电指的是，仿真装置在实训进行中设备本身发生故障。这类故障会危及设备及操作人员的安全，所以仿真装置会发出声音报警，提示故障地点，同时装置的电源停止供电，仿真操作面的电压、电流降为 0。

出现声音报警、电源停止供电这种问题，一般是实训人员操作不当或设备本身存在的缺陷引起的，常见的情况分为以下几种：

1. 电流开路

这里说到的电流开路指的不是仿真装置中软件设置的 CT 二次开路，而是由于人为操作不当引起的系统出现电流开路的故障。

系统本身出现 CT 二次开路故障时，系统自动关闭电源，软件界面与之相关的某相或某几相的电流报警信息空白框内出现红色示警，同时装置的语音系统告警，提示具体故障的地点。引起电流开路故障的原因很多，如仿真装置换表改线、设备元件损坏等。

（1）仿真装置换表改线。仿真装置换表改线造成故障一般是仿真装置原来装配的电能表是三相四线电能表，后来因故换成三相三线电能表后，多余的接线端子没有按照系统的要求处理，即多余的 3 根线插入到专用的藏线孔中，同时把联合接线盒的 I_b 相电流回路短路，因此 I_b 相电流回路出现开路，装置会告警。查出是此原因形成的故障时，在设备断电后对设备接线进行修改即可。

（2）设备元件损坏。设备元件损坏造成故障一般是由于仿真装置内部的设备元件老化等原因形成不正常的断开。查出是此原因形成的故障时，只能通知专业技术人员对装置进行维修，非厂家授权的专业人员不允许私自打开设备后盖进行任何操作。

2. 误操作导致短路

误操作导致短路指的是，实训人员在测量排查仿真装置误接线过程中，由于使用工具不当或者测量时操作不当等原因，造成设备带电部分不正常的连接。比如实训过程中，误将设备带电部分与装置外壳连接。

针对声音报警、电源停止供电这种情况，操作人员一般采取的措施是：依据声音报警的内容确定故障出现的操作面，然后软件切换到相应仿真面，按下[测试、分析]按键，让系统进入了测试、分析（巡检）界面，找到出现故障的类型，分析故障产生的原因后再做处理。

如果是因为误操作或操作不当导致的，停电后进行修改，重新启动设备，故障会消失；如果是设备元件损坏的原因，应联系专业维修人员进行维修。

四、设置的参数不生效

设置的参数不生效指的是，计算机软件设置的参数传输给仿真装置后，在实训进行中，测量时发现数据的测量值与设置值不符，或软件显示的实际值与设置值不符。

出现设置的参数不生效这种问题，一般也是实训人员操作不当或设备本身的缺陷引起的，常见的情况分为以下几种：

1. 设备本身故障

设备本身故障一般指的是，互感器绕组出现问题。由于互感器输出的参数与绕组本身的阻抗大小有关，互感器绕组在出现接触不良等问题，导致互感器本身三相阻抗不相等时，会出现电压或电流三相（或两相）大小不相同，与设置值不符。查出是此原因形成的故障时，只能通知专业技术人员对装置进行维修，非厂家授权的专业人员不允许私自打开设备后盖进行任何操作。

2. 电源存在问题

电源存在问题一般指的是，实训室接入仿真装置的电源本身存在问题，比如电压不稳定、电压偏高、三相电压不对称等，这也会造成仿真装置的实际测量数据与软件设置值不符。出现这种情况的概率不大，但是检查工作需要严谨，不能随意排除出现故障的可能。操作人员需要对电源进行检查，如果确定是电源存在问题，需要联系实训室的专业维护人员进行维修。

3. 没有投入运行

没有投入运行一般指的是，软件参数设置成功后，没有把接线方式信息传输给仿真装置。这种情况一般出现在刚刚进行实训的人员当中，由于刚接触仿真设备，对操作不是十分熟练，设置好的接线方式忘记投入运行，导致测量人员测不出数据。这种情况的排除检查非常容易，误接线排查的训练人员只要在操作前观察设备的运行灯（红灯）亮起即可。

针对设置的参数不生效这种情况，操作人员一般采取的措施是：检查装置是否投入运行，软件切换到相应故障出现的仿真面，按下[测试、分析]按键，让系统进入测试、分析（巡检）界面，找到出现故障的类型，分析故障产生的原因后再做处理。如果是设备元件损坏，应联系专业维修人员进行维修；如果是电源故障，应联系实训室的专业维护人员进行维修。

课后习题

1. 三相三线电能计量装置误接线故障的排查顺序是怎样的？

2. 三相三线电能计量装置中，PT 二次侧 a 相断线与 PT 一次侧 B 相断线的相似之处与不同之处都有哪些？

3. 三相三线电能计量装置中，表尾电流进出反接与电流互感器二次极性反接的相似之处与不同之处都有哪些？

4. 三相三线电能计量装置中，PT 极性反接与 CT 极性反接的相似之处与不同之处都有哪些？

5. 三相三线电能计量装置中，CT 二次短路与 CT 二次开路的相似之处与不同之处都有哪些？

6. 三相四线电能计量装置误接线故障的排查顺序是怎样的？

7. 三相四线电能计量装置中，表尾电流进出反接与电流互感器二次极性反接的相似之处与不同之处都有什么？

8. 三相四线电能计量装置中，PT 极性反接与 CT 极性反接的相似之处与不同之处都有哪些？

9. 三相四线电能计量装置中，CT 二次短路与 CT 二次开路的相似之处与不同之处都有哪些？

第六章　电能表的接线

第一节　导线的连接及安装工艺

一、导线连接

导线与导线通过线头连接起来，其连接端必须紧密牢固，有足够的机械强度，才能确保线路可以安全运行。

1. 铜芯导线头的直线连接

（1）单芯铜导线的连接，其连接示意图如图 6-1 所示。

1）导线在连接前，首先要把线头金属表面擦净，之后绞绕起来，各绞绕两圈。

2）扳直，按顺时针方向先缠绕右端芯线 6~8 圈。

3）按顺时针方向缠绕左端芯线 6~8 圈。

4）用钢丝钳切除多余的线头，并钳平线端。

（2）单芯铜导线与软线的连接，其示意图如图 6-2 所示。单芯铜导线与软线的连接，应将软线先在单芯铜导线上缠绕 7~8 圈后，再将单芯导线向后弯曲，防止脱落。

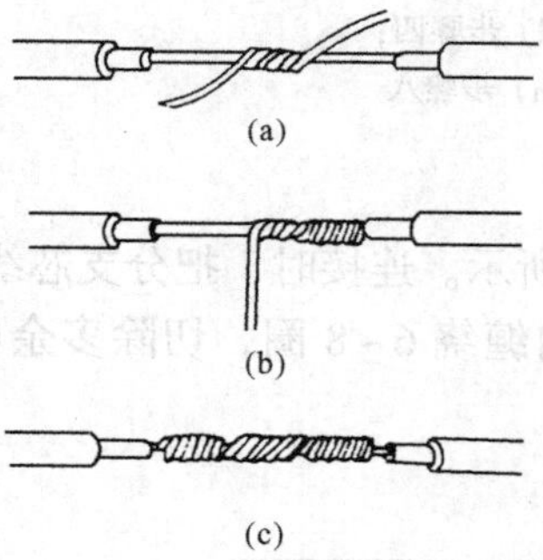

图 6-1　单芯铜导线的直线连接示意图

（a）两线头各绞两圈；（b）右端芯线绕 6~8 圈；（c）左端芯线绕 6~8 圈

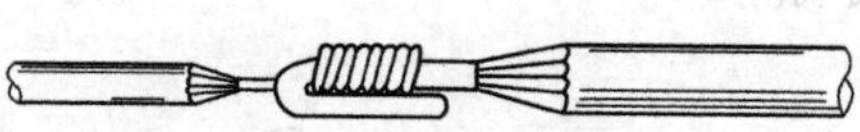

图 6-2　单芯铜导线和软线连接示意图

（3）多芯（7 根）铜导线的连接，其连接步骤示意图如图 6-3 所示。

1）在连接前，将芯线分开并钳直每根芯线，然后将靠近橡皮层 1/3 处线段绞进，其余的线段扳成伞形。

2）在将两个伞形芯线交叉插为一体，再捏平交叉插入的芯线。

3）先在右端任取两根邻近的芯线按顺时针方向缠绕 2 圈后扳直。

4）任取另外两根邻近的芯线，按顺时针方向紧压前两根扳直的芯线缠绕 2 圈后扳直。

5）将余下的三根芯线按顺时针加紧压前四根扳直的芯线缠绕 3 圈后，切断多余的线头，并钳平线端。

6）将左端的芯线用同样方法缠绕。

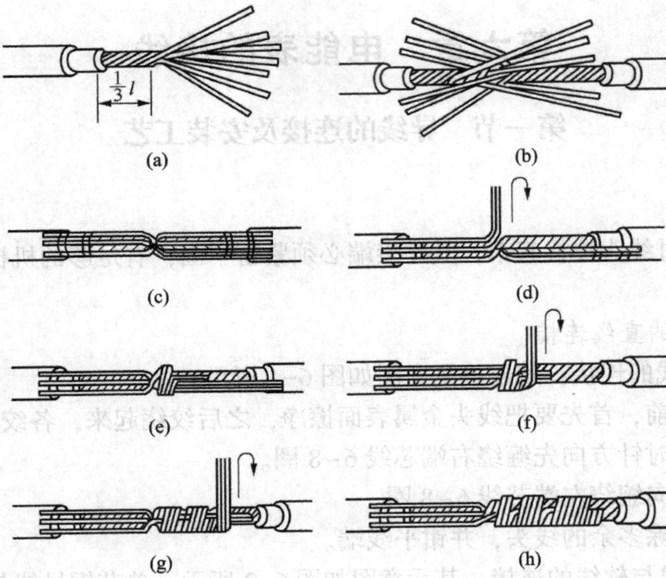

图 6-3 多芯铜导线的直线连接步骤示意图

(a) 步骤一；(b) 步骤二；(c) 步骤三；(d) 步骤四；
(e) 步骤五；(f) 步骤六；(g) 步骤七；(h) 步骤八

2. 铜芯导线的分支连接

(1) 单芯铜导线的连接，其分支连接示意图如图 6-4 所示。连接时，把分支芯线的线头垂直交于干线芯线上，然后将分支线头抽紧按顺时针方向缠绕 6~8 圈，切除多余的线头，并钳平线端。

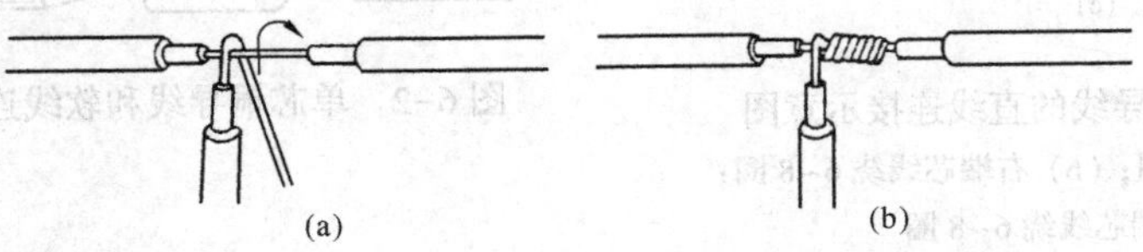

图 6-4 单芯铜导线的分支连接示意图

(a) 分支芯线垂直交于干线芯线；(b) 分支芯线按顺时针方向缠绕 6~8 圈

(2) 多芯（7 根）铜导线的连接，其分支连接示意图如图 6-5 所示。连接时，先将分支芯线的线头拧开拉直后，在将靠近橡胶层 1/8 处线段绞紧，其余的线段扳成伞形，再把支路芯线的线头分成两股，一股三根，另一股四根，排齐后用旋凿将干线线头分成两股，将分支芯线的线头插入干线芯线的线头中，先将右端的一股线头按顺时针方向紧缠 4 圈后，切除多余的线头，钳平线端；再将左端的一股线头按逆时针方向紧缠 4 圈后，切除多余的线头，并钳平线端。

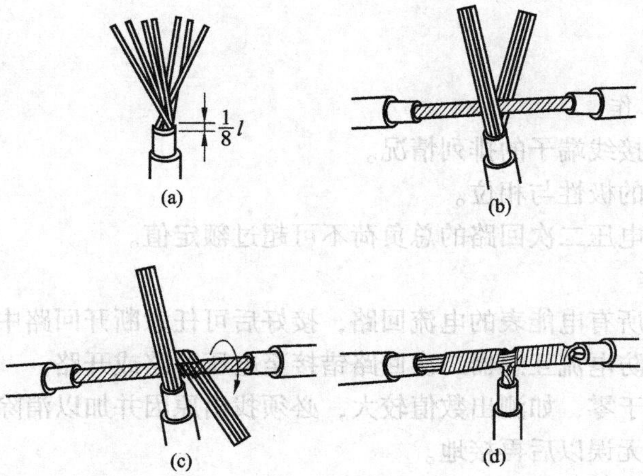

图6-5 多芯铜导线的分支连接示意图

(a) 芯线近橡胶层 l/8 用处绞紧，其余线段扳成伞形；(b) 分支芯线的线头分成两组，分别插入干线的芯线；(c) 右端一组芯线按顺时针方向缠绕4圈；(d) 做好的分支连接

二、电能表的安装接线

1. 电能表的选择和安装场所的要求

(1) 电能表选择。电能表的电压和电流要与装接和使用的电压、电流相适应。例如：单相负荷的用户，装设单相220V的电能表；三相三线的用户，装设3×380V的电能表；三相四线的用户，装设3×380/220V的电能表。在领取电能表时要将电能表的规范编号和工作单上写的核对一下，看看是否相符。

(2) 安装条件。电能表要安装在清洁干燥场所，安装设计应符合运行监测、现场调试的要求和仪表正常工作的条件。不能装在易燃易爆、潮湿污染和有腐蚀气体的场所。仪表水平中心线距地面的尺寸应符合下列要求：

1) 指示仪表和数字仪表宜安装在0.8~2.0m的高度。

2) 电能计量仪表和记录仪表宜安装在0.6~1.8m的高度。

仪表水平中心线距地面的尺寸的规定是为了便于电量的抄读。

2. 施工安全

除遵守安全规程外，还要注意在新装时检查有无错用电源，如果有，需要剪除。

装前要拉开用户总隔离开关。新装电能表的工作一般应在停电时进行。

3. 相线、零线识别

相线、零线的识别用低压验电笔测一下就可判断。如果氖灯发光说明此线是相线。

对于三相四线的用户，可使用电压表测量相间的电压。若一根线和其他三根线之间的电压测出来都是220V，那么这根线就是零线，其他的三根线是相线；若测量时出现了380V的电压，说明这两根线均为相线。

4. 相序

相序是指，电压或电流相位的顺序，是三相交流量在某一确定的时间 t 内到达最大值（或零值）的先后顺序。例如，对称三相电压在相位上彼此相差120°，即A相超前B相

120°，B 相超前 C 相 120°，C 相超前 A 相 120°。这种三相电压 A 到 B 再到 C 这个顺序称为三相电压的相序。

三、电能表接线

1. 接线前准备工作

(1) 认清电能表接线端子的排列情况。

(2) 核对互感器的极性与相位。

(3) 核算电流，电压二次回路的总负荷不可超过额定值。

2. 接线时的工作

(1) 先分相连接所有电能表的电流回路，接好后可任意断开回路中的一点，将万用表串入测量直流电阻，以防电流互感器二次回路错接至电压回路或开路。

正常时其值近似于零，如测出数值较大，必须找出原因并加以消除。为此，分相连接的电流互感器应在核对无误以后再接地。

(2) 电流回路完全接好后，可分相接入电压线。接好后同样应使用万用表测试，以防接错短路。测试时可在电压互感器端子处拆开，分别测 U_{ab}、U_{bc}、U_{ca}之间的电阻。此时阻值应较大，约在数百欧以上。

3. 接线完毕后的工作

(1) 电能表接线盒盖及试验盒应全部加封。

(2) 互感器柜及二次回路有可能断开处均应加封。

(3) 送电前再核对一次倍率。

(4) 送电后，进行一次接线核对，做好记录备查。

四、二次接线的要求

1. 互感器接线方式

互感器的接线方式将在下节中详细介绍。

2. 导线颜色

为了对导线不同的相别进行区分，现场在接线的时候，不同相别的导线会使用不同的颜色。颜色的分配一般如下：黄色导线表示 A 相，绿色导线表示 B 相，红色导线表示 C 相，中性线用黑色导线表示。

3. 接地

为了人身安全，互感器二次要有一点接地，金属外壳也要接地。如果互感器装在金属支架或板上，可将金属支架或板接地。

五、接线安装工艺

(1) 线要横平竖直、弯头不应清角，转动部分要留有足够长的裕度。备用线长度要留足裕度过长的线绕成螺旋形。

(2) 根据导线的走向，将导线捆扎成扁线束或圆线束。

(3) 主线束必须用螺丝压板固定或线夹固定，线束固定点间距水平不得大于 300mm，垂直不得大于 400mm，不能晃动，其示意图如图 6-6 所示。

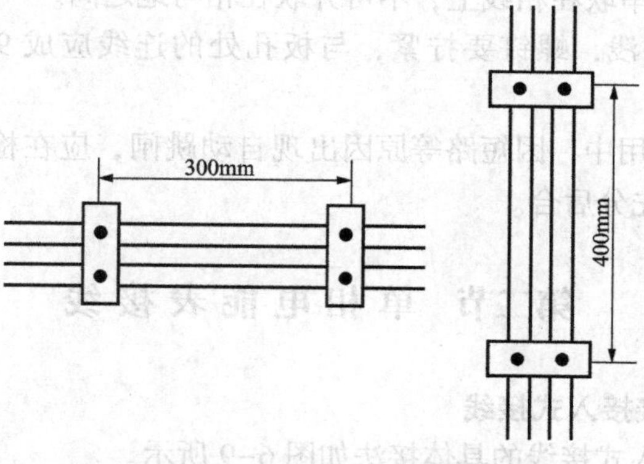

图 6-6　线束固定点间距要求

(4) 主线束固定后需要分线时，分线应从主线的背面出线，在不能从背面出线时，可在最外侧出线，不允许从主线束中间出线，其示意图如图 6-7 所示。

(5) 线束少于 10 根时，正常捆扎即可；线束多于 10 根时，可分束进行捆扎。

(6) 线束在弯曲时其弯曲半径不小于 10mm，并用尼龙扎头距弯曲线束内侧 50mm 处固定，其示意图如图 6-8 所示。

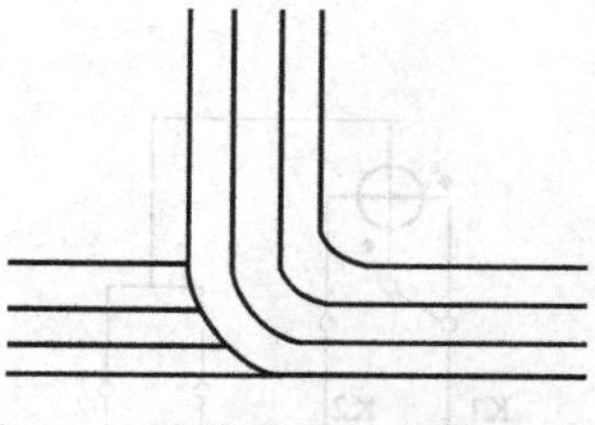

图 6-7　分线从主线的背面出线

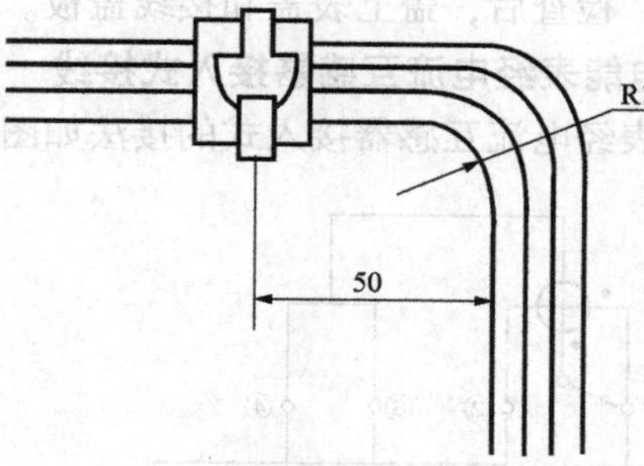

图 6-8　线束弯曲要求

(7) 在分线束出线时应靠近接线元件的一侧出线，不能在元件的一侧出线时，应从另一侧出线。

(8) 所有导线应从线束中分到元件接线端子处，留出 25mm 的余量后剪断。

(9) 导线连接。连接方式可为针孔式或螺钉压接式。螺钉压接时线头应弯圈，方向同螺钉旋紧方向或用线夹连接。

(10) 连接导线的金属部分不应外露，如入孔不应太浅，压线螺钉应紧固接线端，与板孔处连接应成 90°，排列整齐。

(11) 用剥皮钳把导线的塑料绝缘皮剥掉，在剥皮时应按铜芯直径合理选择剥线孔，注意不能将铜芯线卡伤影响强度。

(12) 线束在行线时，应横平竖直，配置坚固，层次分明，整齐美观，不许出现松动和麻花现象。

(13) 自动空气开关的安装。自动空气开关，又叫自动空气断路器，它可以带负载通、断电路，又能在短路、过负荷、失压时自动跳闸。其接线和使用应注意以下几点：

1）自动空气开关应串联在相线上，不可并联在相与地之间。

2）导线入孔不宜太浅，螺钉要拧紧，与板孔处的连线应成 90°，导线金属部分不应外露。

3）自动空气开关使用中，因短路等原因出现自动跳闸，应在检查排除故障后，待开关冷却后才可重新合闸，先分后合。

第二节　单相电能表接线

一、单相电能表直接接入式接线

单相电能表直接接入式接线的具体接法如图 6-9 所示。

(1) 电能表要垂直安装，用螺钉紧固在板面上。

(2) 正确接线。电流线圈要与负载串联，接在相线上，电压线圈要与负载并联（电源线进①、③端钮，负荷线②、④端钮引出）。

(3) 直接接入式电能表连接电流、电压的连接片应拧紧。

(4) 连接导线的金属部分不应外露，入孔不应太浅，压线螺钉应紧固，接线端与板孔处连线应成 90°，排列整齐。

(5) 安装、检查后，盖上表盖和接线盖板。

二、单相电能表经电流互感器接入式接线

单相电能表经电流互感器接入式的接法如图 6-10 所示。

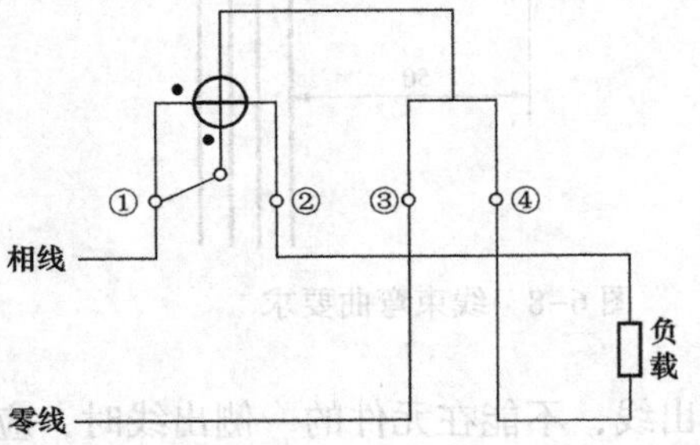

图 6-9　单相电能表直接接入式接线

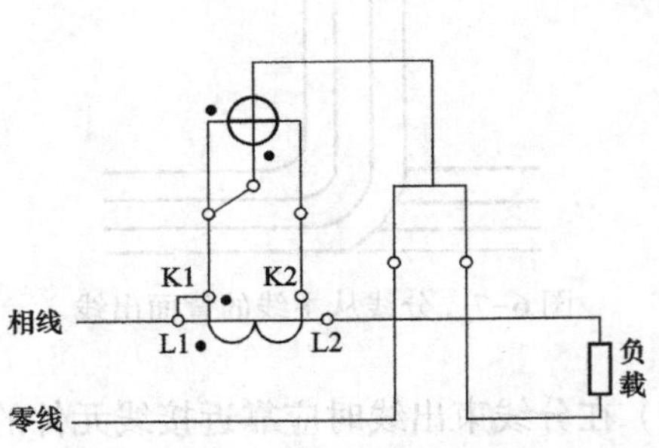

图 6-10　单相电能表经互感器接入式

电能表电流线圈不是直接串联在一次回路中，而是串联在电流互感器的二次回路中。对国产减极性标志的电流互感器，是将其一次绕组串联接入一次回路，电源从 L1 接入，由 L2 引出负荷线，电流互感器二次绕组“·”端钮接到电能表电流线圈带“·”标志的端钮上，电流线圈的另一端接到电流互感器的 K2 上。二次回路电压接法，将 L1 和“·”相连，这样二次回路便带有电压，通过 K1 接到电能表接线盒中的连接片，使电能表电压线圈带电。由于二次带电，因此不能再接地，否则将造成短路。

三、用两只单相电能表计量单相 380V 负载电能的接线

交流电焊机为感性负载，在起弧焊接时属金属性短路状态，而停焊时却属空载状态，故其功率因数较低且电流经常在较大的范围内变化。

以“一进一出”接线为例，A、B 两相为相线，分别接入 PJ1 与 PJ2 两只单相电能表接

线盒第1孔的接线端子上；其出线分别接在两只单相电能表接线盒第2孔的接线端子上，负载端与电焊机相连接；电源的中性线接入两只单相电能表接线盒第3孔的接线端子上，其接线图如图6-11所示。

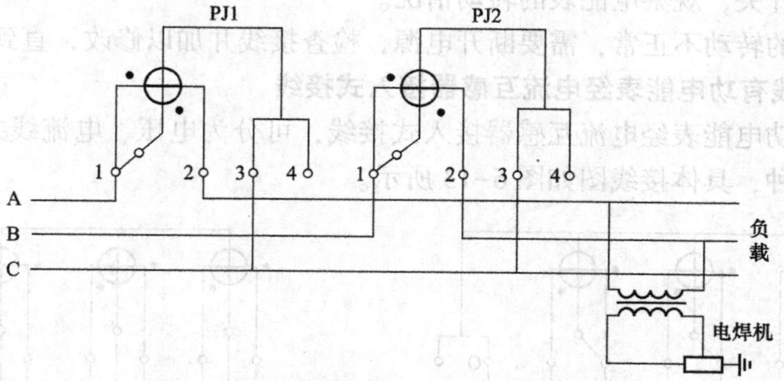

图6-11 两只单相电能表计量380V电焊机负载的接线图

四、电能表接线的注意事项

（1）相线、中性线不能接错。如果相线、中性线对调，则窃电者可以借用一根电能表相线的出线，再自己另打一根地线代替电能表零线用电，这样，由于负荷电流不经过电流线圈使电能表不走，无法计到电量，同时这种“一线一地”用电很易引起触电。

（2）电流线圈不能接反。如果电流线圈的方向接反，会造成流入电能表的电流方向与原来相差180°，导致机械式电能表反转。

第三节 三相四线有功电能表常见接线

一、三相四线有功电能表直接入式接线

三相四线有功电能表直接接入式接线的接法一般有电压、电流线共用接线和电压、电流线分开接线两种，具体如图6-12所示。

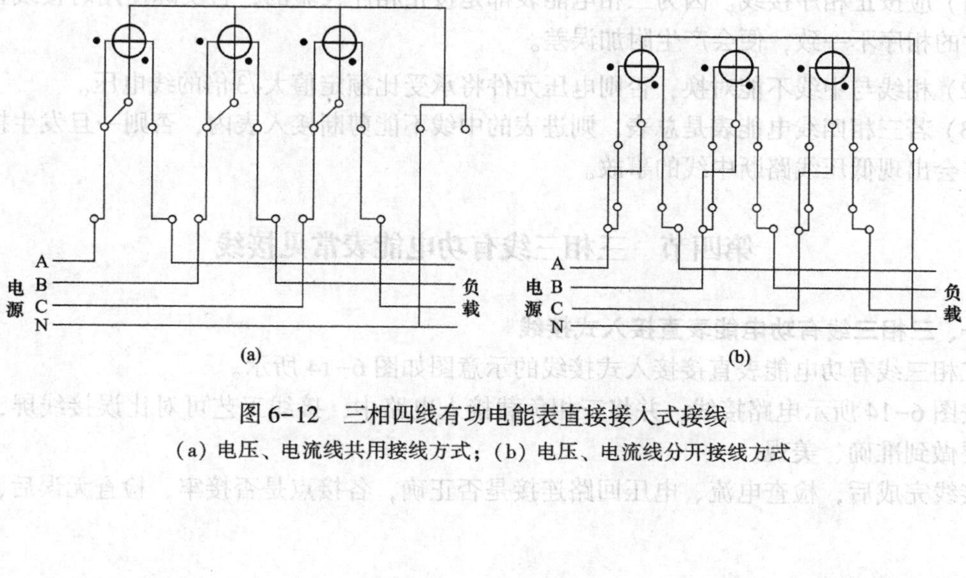

图6-12 三相四线有功电能表直接接入式接线

（a）电压、电流线共用接线方式；（b）电压、电流线分开接线方式

一般要求按图 6-12（b）所示电路接线，并将三相负载接入电路中，接线工艺可对比误接线屏，要求接线要做到准确、美观。

接线完成后，检查电流、电压回路连接是否正确，各接点是否接牢，检查无误后，闭合电源开关及负载开关，观察电能表的转动情况。

如果电能表的转动不正常，需要断开电源，检查接线并加以修改，直到正确为止。

二、三相四线有功电能表经电流互感器接入式接线

三相四线有功电能表经电流互感器接入式接线，可分为电压、电流线共用接线与电压、电流分开接线两种，具体接线图如图 6-13 所示。

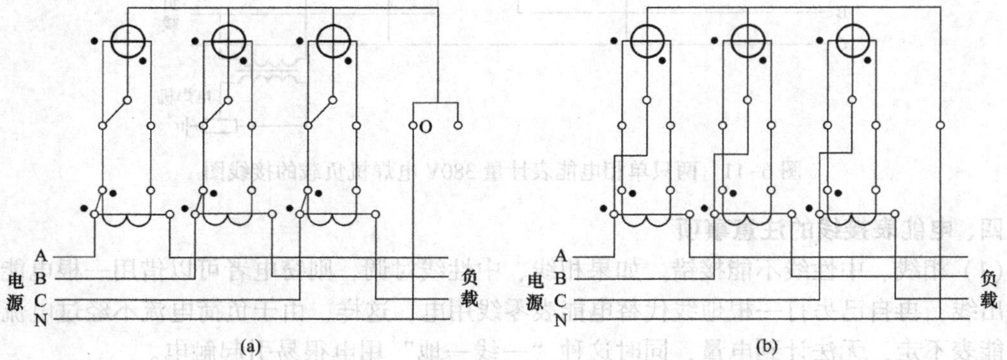

图 6-13　三相四线有功电能表经电流互感器接入式接线图

（a）电压、电流线共用接线方式；（b）电压、电流线分开接线方式

实训要求按图 6-13（b）所示电路接线，并将三相负载接入电路中，注意电流互感器的同名端，接线工艺可对比误接线屏，要求一定要做到接线准确美观。

接线完成后，检查电流、电压回路、电流互感器的连接是否正确，各接点是否接牢，检查无误后，闭合电源开关及负载开关，观察电能表的转动情况。

如果电能表的转动不正常，需要断开电源，检查接线并加以修改，直到正确为止。

三、电能表接线的注意事项

（1）应按正相序接线。因为三相电能表都是按正相序校验的，若实际使用时接线相序与校验时的相序不一致，便会产生附加误差。

（2）相线与中线不能对换，否则电压元件将承受比额定值大$\sqrt{3}$倍的线电压。

（3）若三相四线电能表是总表，则进表的中线不能剪断接入表内，否则一旦发生接头松动，将会出现低压线路断中线的事故。

第四节　三相三线有功电能表常见接线

一、三相三线有功电能表直接入式接线

三相三线有功电能表直接接入式接线的示意图如图 6-14 所示。

按图 6-14 所示电路接线，并将三相负载接入电路中，接线工艺可对比误接线屏，要求接线要做到准确、美观。

接线完成后，检查电流、电压回路连接是否正确，各接点是否接牢，检查无误后，闭合电源开关及负载开关，观察电能表的转动情况。

如果电能表的转动不正常，需要断开电源，检查接线并加以修改，直到正确为止。

二、三相三线有功电能表经电流互感器接入式接线

三相三线有功电能表经电流互感器接入式接线示意图如图 6-15 所示。

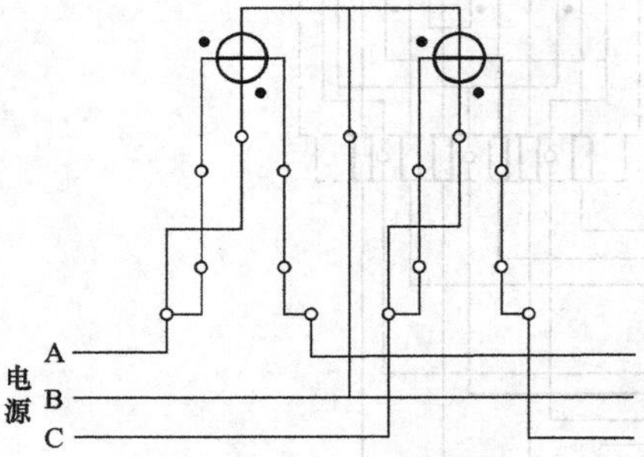

图 6-14　三相三线有功电能表直接接入式接线示意图

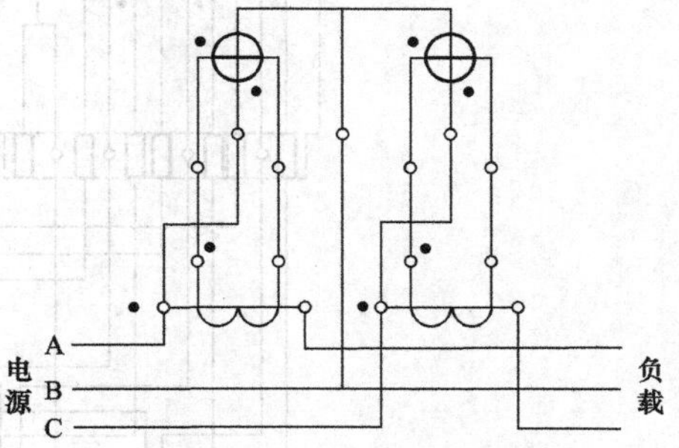

图 6-15　三相三线有功电能表经电流互感器接入式接线示意图

实训时，按图 6-15 所示电路接线，并将三相负载接入电路中，注意电流互感器的同名端，接线工艺可对比误接线屏，要求一定要做到接线准确美观。

接线完成后，检查电流、电压回路、电流互感器的连接是否正确，各接点是否接牢，检查无误后，闭合电源开关及负载开关，观察电能表的转动情况。

如果电能表的转动不正常，需要断开电源，检查接线并加以修改，直到正确为止。

第五节　电能计量装置的联合接线

一、概述

电能计量装置的联合接线，也叫电能计量装置的整体接线，是指将有功电能表、无功电能表和互感器通过二次回路有机地连接起来，以完成一定的计量任务。

三相电路中电能计量装置一般都装在专用的计量柜（盘）上。互感器与电能表之间都通过专用导线或二次电缆连接，并有专门标志的接线试验端子和相应的接线展开图，以便带电拆装电能表、现场校验电能表以及检查接线时使用。

电能计量装置的联合接线一般分为三相四线电路电能计量装置的联合接线和三相三线电路电能计量装置的联合接线。结合实训现场设备情况，一般要求进行三相四线电路电能计量装置的联合接线，其接线图如图 6-16 所示。

实训时按图 6-16 所示电路接线，并将三相负载接入电路中，注意电流互感器的同名端，接线工艺可对比误接线屏，要求一定要做到接线准确、美观。

接线完成后，分别检查有功电能表和无功电能表电流、电压回路以及电流互感器的连接是否正确，各接点是否接牢，检查无误后，闭合电源开关及负载开关，观察电能表的转动情况。

如果电能表的转动不正常，需要断开电源，检查接线并加以修改，直到正确为止。

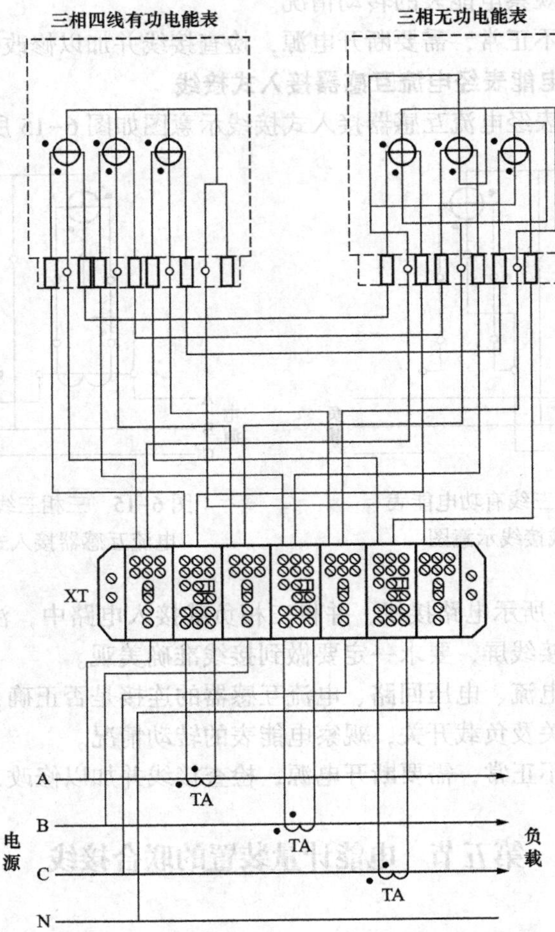

图 6-16 三相四线有功电能表、无功电能表经电流互感器接入的联合接线图

二、电能计量装置的联合接线的注意事项

1. 电能计量装置的联合接线应满足的条件

(1) 电流互感器、电压互感器二次回路的电能计量回路应专用，且回路中不得串接开关辅助接点。

(2) 电流互感器、电压互感器二次回路中应装设专用的试验端子，且应先接入试验端子后接入电能表，以便试验或检修时不影响正常计量。

(3) 电流互感器、电压互感器应有足够的容量与相应的精度，以保证电能计量的准确度。

2. 电能计量装置的联合接线应遵守的基本规则

(1) 电流互感器、电压互感器二次回路应可靠接地，且接地点应在互感器二次端子至试验端子之间，但低压电流互感器二次回路可不接地。

(2) 各电能表的电压线圈应并联，电流线圈应串联。

(3) 电压互感器应接在电流互感器的电源侧。

(4) 电压互感器和电流互感器应装于变压器的同一侧，而不应该分别装于变压器的两侧。

（5）非并列运行的线路，不许共用一个电压互感器。

（6）电压互感器、电流互感器二次回路导线应采用单股或多股硬铜线，中间不得有接头，导线在转角处应留有足够的长度。

（7）电压、电流二次回路导线颜色，相线A、B、C应分别采用黄、绿、红相色线，中性线N应采用黑色线。电流回路接线端子相位排列顺序为从左至右或从上至下为A、B、C、N；电压回路排列序为A、B、C。

（8）电压二次回路导线的选择，应保证其Ⅰ、Ⅱ类的电能计量装置中电压互感器二次回路电压降不大于其额定二次电压的0.2%；其他电能计量装置中应保证其电压降不大于其额定电压的0.5%，一般规定导线截面积不应小于2.5mm^2。

（9）电流互感器二次回路导线，一般规定其截面积不应小于2.5mm^2。

（10）连接导线的端子处应有清晰的端子编号和符号。

课后习题

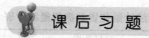

1. 试做一个单芯铜导线的连接。
2. 试做一个单芯铜导线与软线的连接。
3. 试做一个多芯铜导线的连接。
4. 试做一个铜芯导线的分支连接。

附录 A　计量装置数据统计空白表模板

附表 A.1　　**三相三线计量装置数据测量统计表**

测量数据			
项目	1 元件	绿色端子	3 元件
电压	V	V	V
电流	A	A	A
对地电压	V	V	V
相位角	$\phi_{U_{12}I_1}$ = ， $\phi_{U_{32}I_1}$ =		
	$\phi_{U_{12}I_3}$ = ， $\phi_{U_{32}I_3}$ =		

附表 A.2　　**三相四线计量装置数据测量统计表**

测量数据			
项目	1 元件	2 元件	3 元件
电压	V	V	V
电流	A	A	A
对参考相电压	V	V	V
相位角	$\phi_{U_{12}I_1}$ = ， $\phi_{U_{32}I_1}$ =		
	$\phi_{U_{12}I_2}$ = ， $\phi_{U_{12}I_3}$ =		

附录 B　Vv0 接线三相 TV 断线故障情况接线图及其测试结果

序号	Vv0 接线三相 PT 断线故障接线图	PT 二次线电压（V）								
		二次侧空载			二次侧接一只有功电能表			二次侧接一只有功电能表和一只无功电能表		
		U_{ab}	U_{bc}	U_{ca}	U_{ab}	U_{bc}	U_{ca}	U_{ab}	U_{bc}	U_{ca}
1	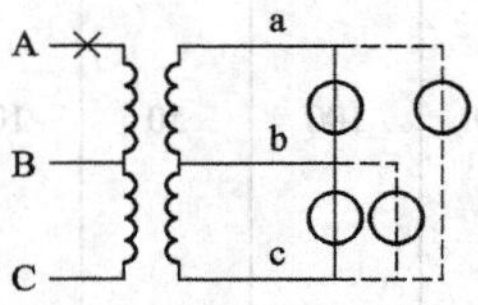	0	100	100	0	100	100	50	100	100
2	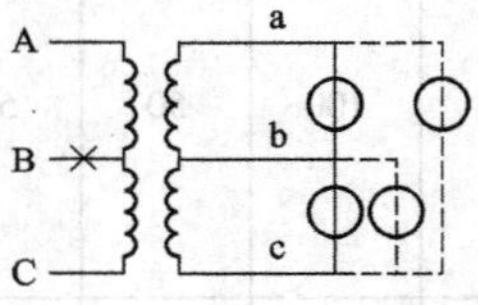	50	50	100	50	50	100	50	50	100
3	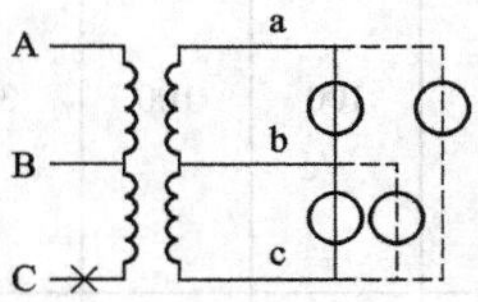	100	0	100	100	0	100	100	33	67
4	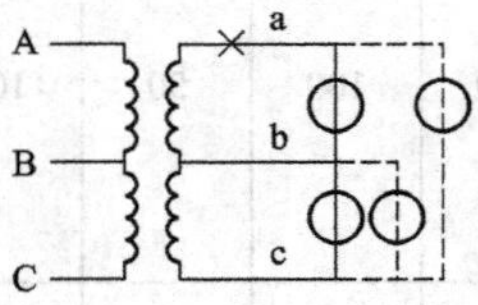	0	100	0	0	100	100	50	100	50
5	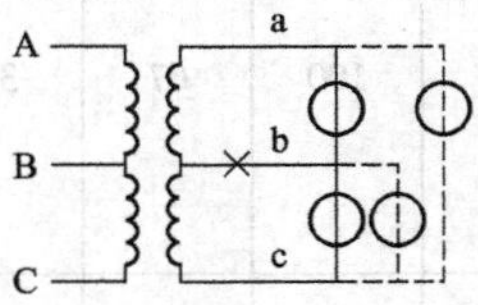	0	0	100	50	50	100	67	33	100
6	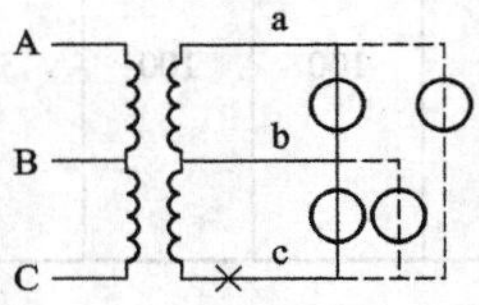	100	0	0	100	0	100	100	33	67

附录C Yyn12接线三相PT断线故障情况接线图及其测试结果

序号	Yyn12接线三相PT断线故障接线图	PT二次线电压（V）								
		二次空载			二次接一只有功电能表			二次接一只有功电能表和一只无功电能表		
		U_{ab}	U_{bc}	U_{ca}	U_{ab}	U_{bc}	U_{ca}	U_{ab}	U_{bc}	U_{ca}
1	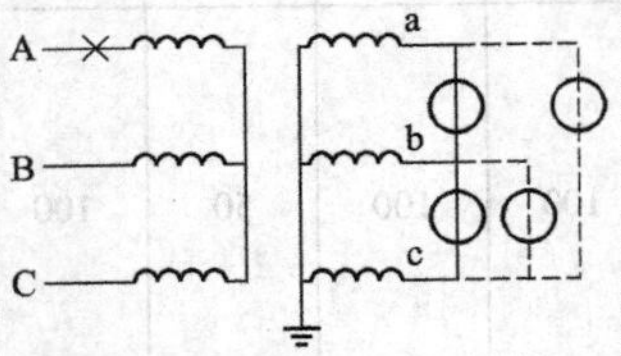	0	100	100	0	100	100	50	100	100
2	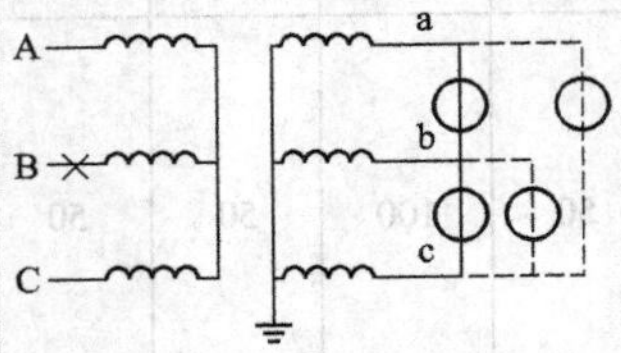	50	50	100	50	50	100	50	50	100
3	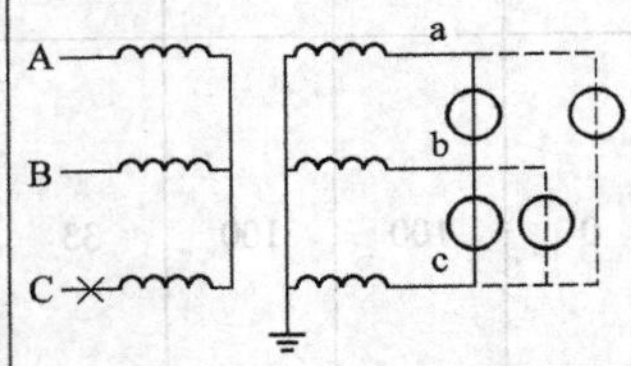	100	0	100	100	0	100	100	33	67
4	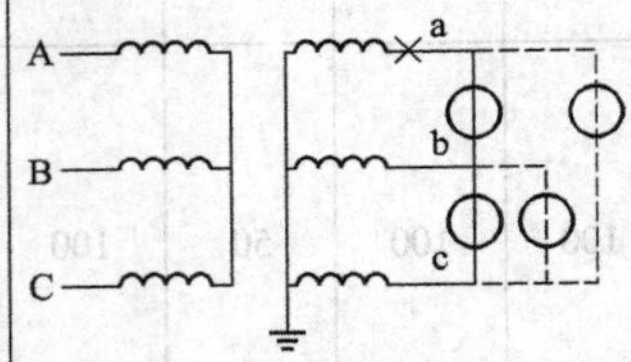	0	100	0	0	100	100	50	100	50
5	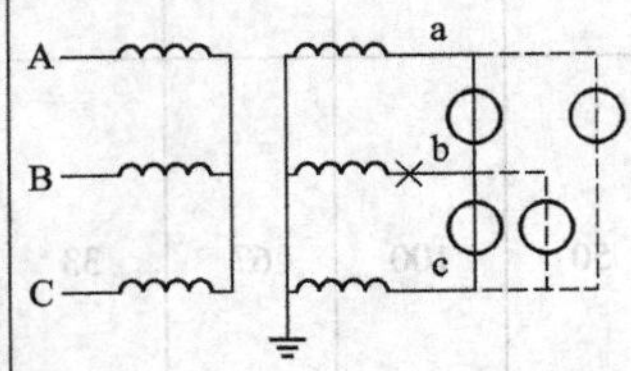	0	0	100	50	50	100	67	33	100
6	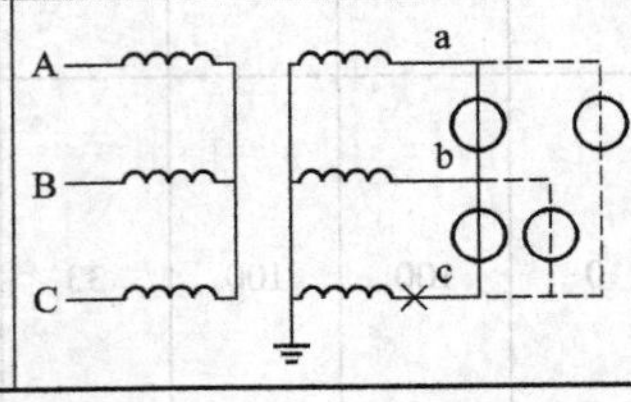	100	0	0	100	0	100	100	33	67

附录D　电能计量装置接线检查记录模板(三相三线计量装置)

学号		姓名		模拟装置号		完成时间	
如何确定 B 相							
电压	$U_{12}=$	V	$U_{13}=$	V	$U_{32}=$	V	
电流	$I_1=$	A	$I_3=$	A	$\widehat{\dot{U}_{12}\dot{I}_3}=$		
相位	$\widehat{\dot{U}_{12}\dot{I}_1}=$		$\widehat{\dot{U}_{32}\dot{I}_1}=$		$\widehat{\dot{U}_{32}\dot{I}_3}=$		

错误接线相量图：

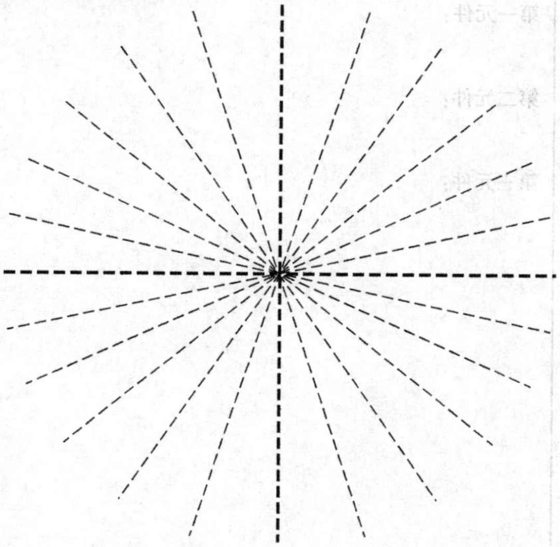

错误接线形式：下标用 a、b、c 表示

第一元件：

第三元件：

写出错误接线时功率表达式（假定三相对称）：

$P_1=$　　　　　　　　$P_3=$

$P=$

写出更正系数 K 的表达式，并化为最简式

$K=$

日期：　　　　　　　　　　　　　　　　　编号：

附录E　电能计量装置接线检查记录模板(三相四线计量装置)

学号		姓名		模拟装置号		完成时间	
如何确定A相							
电压	$U_1=$	V	$U_2=$	V	$U_3=$	V	
电流	$I_1=$	A	$I_2=$	A	$I_3=$	A	
相位	$\widehat{\dot{U}_{12}\dot{I}_1}=$		$\widehat{\dot{U}_{32}\dot{I}_1}=$		$\widehat{\dot{U}_{12}\dot{I}_2}=$		$\widehat{\dot{U}_{12}\dot{I}_3}=$

错误接线相量图：

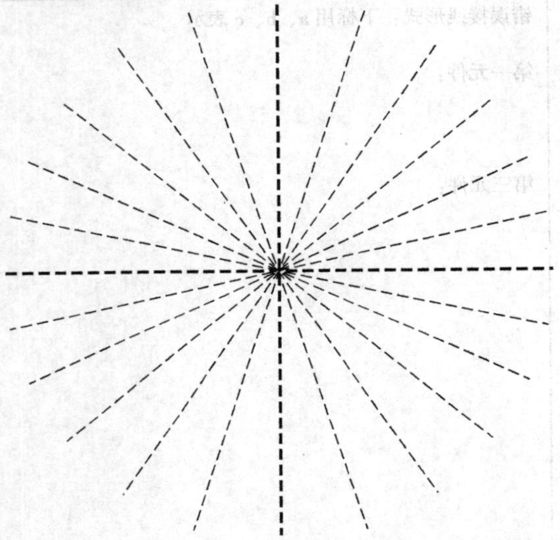

错误接线形式：下标用a、b、c表示

第一元件：

第二元件：

第三元件：

写出错误接线时功率表达式（假定三相对称）：

$P_1=$　　　　$P_2=$　　　　$P_3=$

$P=$

写出更正系数 K 的表达式，并化为最简式：

$K=$

日期：　　　　编号：

附录 F　电能计量装置接线检查记录模板（考核用）

学号		姓名		模拟装置号		完成时间	
如何确定基准电压							
电压	U = 　V		U = 　V		U = 　V		
电流	I = 　A		I = 　A		I = 　A		
相位							

错误接线相量图：

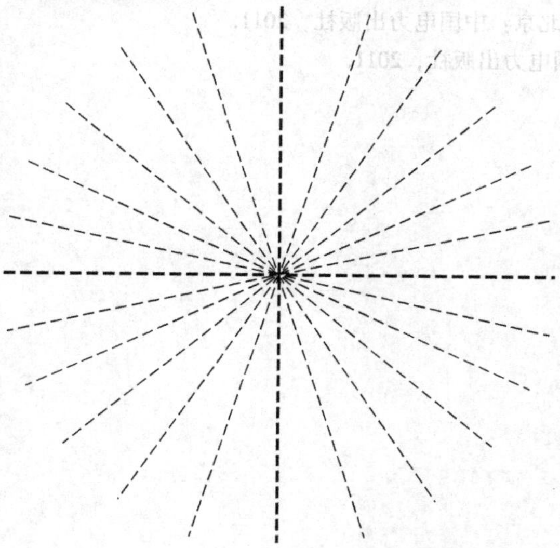

错误接线形式：下标用 a、b、c 表示

第一元件：

第二元件：

第三元件：

写出错误接线时功率表达式（假定三相对称）：

$P_1=$　　　　$P_2=$　　　　$P_3=$

$P=$

写出更正系数 K 的表达式，并化为最简式：

$K=$

日期：　　　　编号：

参考文献

[1] 康广庸. 电能计量装置故障接线分析模拟与检测. 北京：中国水利水电出版社，2007.
[2] 祝小红. 电能计量. 2 版. 北京：中国电力出版社，2005.
[3] 张有顺，冯井岗. 电能计量基础. 北京：中国计量出版社，2002.
[4] 王月志. 电能计量. 2 版. 北京：中国电力出版社，2006.
[5] 李珞新，戴四新. 电力法规. 北京：高等教育出版社，2006.
[6] 王焱. 电子式电能表技术问答. 北京：中国计量出版社，2008.
[7] 孙禔，舒开旗，刘建华. 电能计量新技术与应用. 北京：中国电力出版社，2010.
[8] 牟民生，牟平江. 电能计量基础与技术实践. 北京：中国电力出版社，2011.
[9] 张甜，李城英. 电能计量 1000 问. 北京：中国电力出版社，2011.